高等职业教育智能制造精品教材

挖掘机
操作与保养

主　编　苏　欢　叶　文

副主编　周文武　杨家欢

主　审　马　娇

中南大学出版社

www.csupress.com.cn

·长沙·

内容简介

　　本书以挖掘机操作与保养典型工作任务为载体，以项目任务驱动教学，介绍了挖掘机安全知识、基本操作及基本保养知识。

　　主要内容包括：挖掘机施工安全规程、操作安全知识，挖掘机基本操作及施工操作，挖掘机三级保养基本知识。

　　本书以项目能力训练为主线，内容符合挖掘机售后服务工程师及操作手岗位技能要求，通俗易懂，注重实用，本书可供高职院校工程机械及相关专业作为教材，也可作为相关行业培训教材或自学用书。

图书在版编目(CIP)数据

挖掘机操作与保养／苏欢，叶文主编. —长沙：
中南大学出版社，2021.6
ISBN 978-7-5487-4456-6

Ⅰ. ①挖… Ⅱ. ①苏… ②叶… Ⅲ. ①挖掘机－高等
职业教育－教材 Ⅳ. ①TU621

中国版本图书馆 CIP 数据核字(2021)第 106474 号

挖掘机操作与保养
WAJUEJI CAOZUO YU BAOYANG

主　编　苏　欢　叶　文
副主编　周文武　杨家欢
主　审　马　娇

□**责任编辑**	谭　平
□**责任印制**	周　颖
□**出版发行**	中南大学出版社
	社址：长沙市麓山南路　　　　邮编：410083
	发行科电话：0731-88876770　　传真：0731-88710482
□**印　　装**	长沙德三印刷有限公司

□**开　　本**	787 mm×1092 mm 1/16　□**印张** 7.75　□**字数** 195 千字
□**版　　次**	2021 年 6 月第 1 版　□2021 年 6 月第 1 次印刷
□**书　　号**	ISBN 978-7-5487-4456-6
□**定　　价**	26.00 元

高等职业教育智能制造精品教材编委会

主 任

邓秋香　吕志明

委 员

（以姓氏笔画为序）

马　娇　　龙　超　　宁艳梅

伍建桥　　刘湘冬　　杨　超

张秀玲　　陈正龙　　欧阳再东

赵红梅　　胡军林　　徐作栋

前言 PREFACE.

近年来，挖掘机械产品更新换代加快，各种新工艺、新技术不断出现，相应地对挖掘机械服务人员也提出了新的要求，所以了解与掌握挖掘机械产品操作与保养是十分必要的。

本书以三一集团工程机械产品挖掘机操作、保养为例，结合学生的认识规律，采用项目导向、任务驱动的教学模式，改变传统教材按学科体系编写的做法，将产品知识与操作保养有机地融为一体，使学生能迅速地掌握挖掘机产品操作及保养方法，培养实际操作能力。每个项目都提供了明确的教学目标与要求，教学内容以工作过程为导向，具有很强的实践指导性。

本书具有以下特点：

1.本书以三一集团挖掘机械为例，介绍挖掘机械操作与保养知识，以工作过程为导向，做到学习现场即工作现场，与岗位直接对接。

2.全书图文并茂，层次清楚，直观形象，理实一体化，能对照产品直接进行基本操作。

本书在编写过程中得到了三一集团和湖南三一工业职业技术学院有关领导和专家们的关心和支持，撰写的同时，还参阅了三一集团有关文献，在此，谨代表本书全体撰写者向上述人士、有关单位以及参考文献的原作(著)者们表示诚挚的谢意。限于编者水平有限，且编写时间比较仓促，书中误漏之处难免，诚恳期待得到同行专家和广大读者的批评指正。

编　者

2021 年 6 月

CONTENTS. 目录

项目一
挖掘机安全知识

挖掘机操作与保养的过程必须牢记安全要求,只有先熟知安全知识,才能保证挖掘机的有效操作与保养。在学习过程中,要牢记安全操作规程,按照正确的方法进行挖掘机的驾驶、施工、运输、保养维护。在操作过程中,要具备安全防范意识,对易发事故点有规避意识,对紧急情况能做出正确处理,确保人员、设备的安全。

【知识目标】

(1)熟记挖掘机安全操作规程;掌握挖掘机正确的起动方法。

(2)能安全进行挖掘机驾驶、施工、运输、保养维护工作。

【技能目标】

能有效地消除安全隐患,正确处理紧急情况。

任务一 挖掘机操作规程

【知识目标】

掌握挖掘机安全操作规程。

【技能目标】

能安全地进行挖掘机操作任务。

一、相关知识

(一)遵守安全规程

(1)仔细阅读并严格遵守机器上所有安全标牌所示内容。

(2)在需要时并严格安设、维护和更换安全标牌。

(3)学会怎样正确、安全地操作机器及其控制器。

(4)只允许受训过的、合格的专职人员操作机器。

(5)保持机器处在适宜的工作状态。

(6)对机器做未经认可的改装可能有损其功能和安全性,并影响机器的使用寿命。

安全指示是机器的基本安全规程。但是,有关的安全指示无法囊括可能遇到的每种危险情况。

(二)安全操作规程

(1)操作液压挖掘机时应严格遵守《中华人民共和国道路交通管理条例》。

(2)履带式液压挖掘机操作工必须经过专项培训,经主管部门考核合格,领取操作证后,方准驾驶。

(3)禁止将挖掘机交给没有操作证的人员操作。

(4)操作挖掘机时,必须精力充沛、思想集中;禁止吸烟、饮食、闲谈及其他影响安全操作的行为;严禁酒后操作挖掘机。

(5)操作挖掘机时,除当班操作工外,禁止其他人员站或坐在机体上。

(6)禁止任何人在挖掘机运转时进入其回转范围。

(7)在上下挖掘机时,必须面对设备并使用台阶及扶手,始终采用三点式上下法,不能跳跃;不能在非用于攀登的表面上攀登。

(8)挖掘机行驶中要遵守转弯三项规定(减速、鸣号、靠右行);会车时要做到礼让"三先"(先慢、先让、先停);上下坡时禁止曲线行驶。

(9)保持挖掘机的外观整洁,加强设备例行保养,及时消除隐患和故障,不操作存在安全隐患及故障的设备,确保操作安全。

(10)利用动臂把车体支起时,严禁在底盘下方工作,必要时应用枕木垫牢后方后再进行作业。挖掘机正铲作业时,除松散土外,其作业面不得超过本机性能规定的最大挖掘高度和深度;反铲作业时,挖掘机履带距工作面边缘至少保持 0.5 m 的安全距离,如遇到松散土埂则应视具体情况增加安全距离。

(三)安全操作机器

1.起动发动机前的检查

（1）擦去玻璃窗表面上的灰尘，以保证良好的视线。

（2）擦去前灯和工作灯透镜表面的灰尘并检查是否正常。

（3）将操作人员的座椅调整到易于进行操作的位置并检查座椅安全带或固定夹是否有损坏。

（4）起动发动机前，检查安全锁控制杆是否在LOCK(锁住)位置。

（5）观察机器周围和下方，检查是否有脏物堆积、螺栓松动、油泄漏、冷却液泄漏、零件损坏等。

（6）检查电气系统所有开关的功能、照明、保险丝盒等是否正常。

（7）检查工作装置和液压部件的情况是否正常。

（8）检查所有机油液面、冷却液液面和燃油液面是否在规定的范围内。

（9）以上检查必须全部正常，否则不得开机，直到排除故障或达到规定要求，复检正常为止。

2. 开机前的保养

每班开机之前，必须对工作装置、回转支撑加注润滑脂，润滑脂的加注点和加注量见《挖掘机使用说明书》和润滑图表，润滑图表粘贴在驾驶室门内侧。

3. 起动发动机的安全规则

（1）起动发动机时，要鸣喇叭以作警告。

（2）只允许坐在座椅上起动或操作机器。

（3）除操作人员外，禁止任何人坐在机器上。

（4）禁止使用起动马达电路短路的方式起动发动机。

4. 寒冷天气起动发动机

要充分进行预热操作。如果在操作操纵杆前机器没有充分预热，机器会反应迟钝，可能导致意外事故。如果蓄电池电解液冻结，不要给蓄电池充电或用不同的电源起动发动机，避免蓄电池着火。在充电或用不同的电源起动发动机前要使蓄电池电解液溶化，在起动前要检查蓄电池电解液是否冻结或泄漏。

（四）防备紧急情况

（1）对火灾或其他事故的发生要有所防备。

（2）在附近备置急救箱和灭火器。

（3）仔细阅读并理解贴在灭火器上的说明，正确地使用灭火器。

（4）制订应付火灾和其他事故的紧急对策指南。

（5）在电话旁边贴上救护车、医院和消防队的电话号码。

二、任务小结与思考

（一）任务小结

熟知并理解挖掘机安全知识，能够安全地使用机械。

（二）思考

（1）在操作挖掘机的过程中，最需要注意的是什么？

（2）挖掘机起动前有哪些检查项目？

任务二　挖掘机操作安全

【知识目标】

熟知挖掘机安全驾驶、施工、运输、保养维护的规定。

【技能目标】

能正确施工，保护人员、机器。能预知危险情况，并加以防范。

一、相关知识

(一) 驾驶安全

1. 安全地移动和操作机器

(1) 挖掘机周围人员可能被撞(图 1-1)。

(2) 在移动、回转或操作机器之前，确认周围人员的位置。

(3) 如果装设有行走报警器和喇叭，应使其保持工作状态以在机器开始移动时警告周围人员。

(4) 在狭窄区域内行走、回转或操作机器时，请信号员指挥操作，在起动机器前，要协调手势信号的含义。信号员只能是唯一的，不得同时有 2 名以上信号员进行指挥。

2. 预防掉落的石块和碎石

(1) 在有石块或碎石掉落可能性的地方(图 1-2)作业时，确保机器装备有落物保护。

(2) 驾驶室安装防护网(FOPS 驾驶室)。

(3) 戴好安全帽、防护眼镜。

图 1-1　防止撞击人员　　　　　　　图 1-2　防止落石

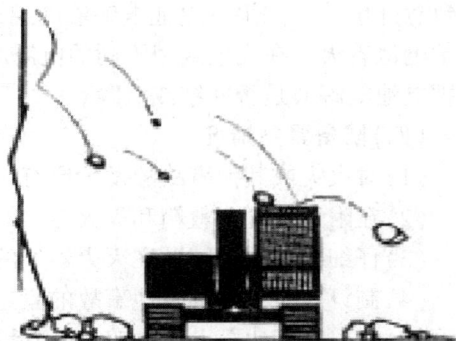

3. 确认机器的行走方向

(1) 错误操作行走踏板/杆可能导致严重的伤亡事故。

(2) 在驾驶机器前确认下部车体位置与操作者位置的关系。如果行走马达位于驾驶室后方，在向前推动踏板/杆时，机器将向前移动(图 1-3)。

(3) 履带架内侧粘贴有机器行走方向标示，机器按此方向向前行走时，踏板/杆的操作方向向前(图 1-4)。

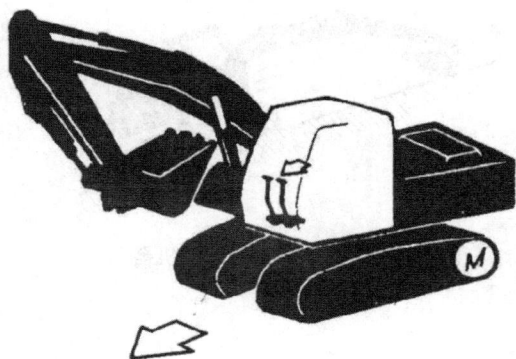

图1-3 确认驾驶室方向

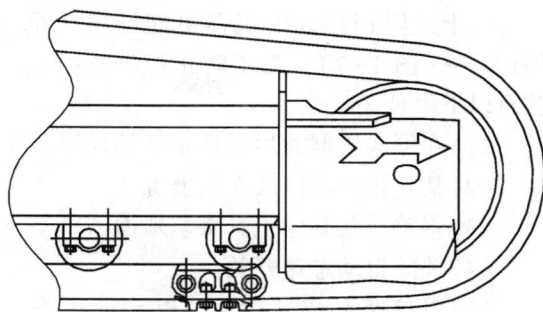

图1-4 机器行走方向表示

4.安全行驶机器

(1)在移动机器之前,应确认怎样移动踏板/杆。

(2)踩下行走踏板的前部或向前推行走杆将机器朝导向轮方向移动(有关正确的行走操作参照"用踏板,操纵杆来驾驶机器"的部分)。

(3)在坡上行走可能引起机器打滑或翻倒,导致严重的伤亡事故。

(4)在驶上或驶下斜坡时,将铲斗保持在行走方向上,离地200~300 mm,如果机器开始打滑或变得不稳,立即降下铲斗(图1-5)。

图1-5 上下坡时铲斗位置

(5)横穿斜坡或在斜坡上改变方向有引起侧滑、翻车的危险。应采取暂时退到平地上迂回等方法安全行走(图1-6)。

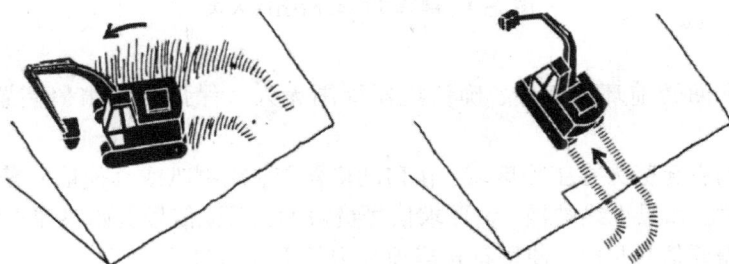

图1-6 斜坡禁止横穿或改变方向

5. 防止机器失控造成伤害

爬上或阻挡移动的机器可能导致严重伤亡事故(图1-7)。为了防止机器失控应注意以下事项。

(1)在停放机器时尽量选水平的地面。

(2)禁止将机器停放在斜坡上。

(3)将铲斗及其他工具降至地面。

(4)关闭自动怠速开关。

(5)以怠速空载运转发动机5 min,使发动机冷却。

(6)停下发动机,从钥匙开关上取下钥匙。

(7)将安全操纵杆移到LOCK(锁住)位置上。

(8)如果必须将机器停在斜坡上,应用挡块顶住两侧履带,并降下铲斗,将铲斗斗齿插入地面定位好机器,以防滚动(图1-8)。

图1-7 禁止阻挡移动的机器

图1-8 机器停在斜坡上的要求

(9)在离其他机器的适当距离处停放机器。

6. 防止倒车和回转时发生事故

在倒车或回转上车时,如果有人在机器附近,可能被机器撞倒或压倒,造成严重的伤亡事故(图1-9)。为了防止倒车和回转时的事故应注意以下几点。

图1-9 倒车和回转时撞倒人员

(1)在倒车和回转前环顾四周,确认机器周围无人。保持行走报警装置处于工作状态(如果安装)。

(2)时刻警惕有无旁人在工作区域,在移动机器前,用喇叭或其他信号警告旁人。

(3)在倒车时,如果视线被挡,请要求信号员协助,保证信号员始终在视野中。

(4)在工况需要信号员时,使用符合当地规定的手势信号。

(5)只有在信号员和操作者都清楚地明白信号时,才能移动机器。理解所有用于工作中的旗帜、信号和标记的意思，并确认由谁来负责发信号。

（6）保证窗户、后视镜和灯的清洁和完好。尘土、大雨、雾气等会降低能见度，当能见度降低时，降低速度，并使用适当照明。

7. 禁止将铲斗置于任何人的上方

（1）禁止将铲斗提升、移动或者回转过任何人或卡车驾驶室的上方。

（2）铲斗中的物料落下或与铲斗相撞可能造成严重的人员伤亡或机器损坏（图1-10）。

图1-10　铲斗位置注意

8. 防止翻车

（1）机器的倾倒速度要快于人跳出的速度。禁止跳出正在倾倒的机器，否则会造成严重或致命的压伤（图1-11）。

（2）系好安全带。

（3）在坡上操作时有翻车危险，可能导致严重的伤亡事故（图1-12）。

图1-11　不要跳出倾倒的机器

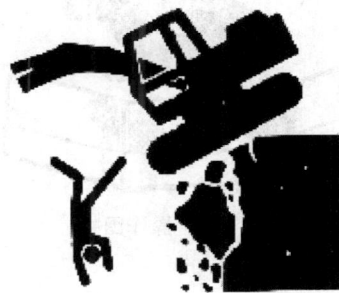

图1-12　坡上操作可能翻车

（二）施工安全

1. 事先调查工地

（1）在沟边或路肩上作业时，机器有翻落的可能性，这将造成严重的伤亡事故。

（2）事先调查工地的地形和地面状况，以防止机器翻落，地面、料堆或河岸坍塌。

（3）制定作业计划。使用适于特定工地作业的机器。根据需要加固地面、沟边和路肩。使机器与沟边或路肩保持一定距离。

（4）在斜地或路肩作业时，根据需要增设信号员。当地基松软时，在开始作业前应加固地面。

（5）在冰冻地面上作业时要特别警惕。因为环境温度的上升会使地基变得松软和湿滑。

2. 为多机作业发信号

在多机作业情况下，使用所有作业人员都知道的信号，指定一名信号员来组织作业，确保所有作业人员服从该信号员的指挥。

3.防止无关人员进入工作区域

（1）人员可能被旋转的工作装置撞倒或被挤到其他物体上，导致严重的伤亡事故。

（2）使所有人员远离作业和机器旋转区域。

（3）操作机器前，在铲斗回转半径的侧方和后方设置围栏，防止人员进入工作区域（图1-13）。

4.防止底切

（1）为了能在地基坍塌时从沟边撤离，必须使行走马达在后、下部车体垂直于沟边放置机器。

（2）在地基开始坍塌而机器已无法撤出时，不要慌张，降下工作装置常能固定住机器。

（3）挖掘作业时应避免挖空机器下部的土壤（图1-14）。

图1-13 操作围栏

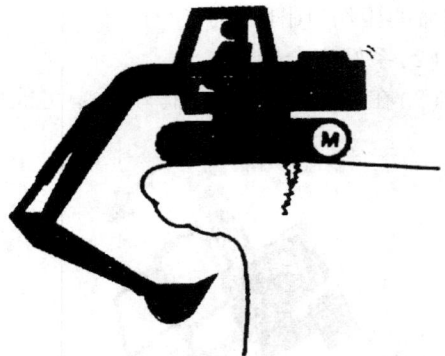

图1-14 防止底切

5.防止翻车

在坡上操作时要注意以下几点。

（1）平整机器作业区。

（2）保持铲斗降到地面并靠近机器。

（3）放慢操作速度，以防翻车或打滑。

（4）在坡上行走时，避免改变方向。

（5）即使横穿斜坡不可避免，也禁止横穿坡度大于15°的斜坡。

（6）在负载回转时根据具体情况放慢回转速度。

（7）在冰冻地面上作业要小心。温度升高会使地面变软导致行走不稳。

6.防止坍塌

高堤切削作业可能引起边缘坍塌或滑坡，导致严重的伤亡事故（图1-15）。

图1-15 防止坍塌

7. 小心地下设施

（1）意外切断地下电缆或煤气管有可能引起爆炸、火灾，导致严重伤亡事故的发生（图1-16）。

（2）挖掘前，检查电缆、煤气和水管的位置标示，并确认其位置。

（3）与电缆、煤气和水管至少保持法定最小距离。

图 1-16　防止挖断地下设施

（4）如果因意外切断了光纤电缆，不要看电缆端部。否则，眼睛可能会受到严重损伤。

（5）如果施工所在地区有"挖掘热线"，请提前联系；或直接与当地公用事业公司联系，标明所有地下电缆、管线。

8. 小心桥梁等高架设施

（1）如果机器的工作装置或其他部分撞到天桥等高架物，机器和高架物都会损坏，还可能导致人员受伤（图1-17）。

（2）防止动臂或斗杆与高架物相撞。

图 1-17　注意高架设施

9. 避开输电线

（1）如果机器或工作装置没有与电线保持一定的安全距离，可能造成事故与伤亡（图1-18）。

（2）在电线附近操作时，禁止将机器的任何部分或负载移到线路绝缘体规定长度距离之内。

（3）核实并遵守所有适用的当地法规。

（4）湿地将增大人员可能触电的范围。让周围人员远离作业区。

10. 吊搬物体

（1）如果吊着的物体落下，周围人员可能被撞或被压，导致严重的伤亡事故（图1-19）。

（2）禁止使用有损伤的链条或绽裂的钢缆、吊环和绳索。

图1-18　避开输电线

图1-19　人员远离吊装物体

（3）在起吊前，定位好机器，使行走马达在机器后部。

（4）缓慢、小心地移动物体。禁止突然移动。

（5）要求所有人员远离被吊物体。

（6）禁止将物体从人员头顶上移过。

（7）在物体被安全、稳固地放到支撑块或地面上时，禁止任何人接近被吊物体。

（8）禁止将吊环或链条挂在铲斗齿上。否则，铲斗齿有可能脱落，导致被吊物体落下。

（三）运载安全

1. 安全运输

（1）机器在上下卡车或拖车平板时有翻倒的风险（图1-20）。

（2）在机器进行公路运输时，务必遵守当地法规。

（3）为机器运输提供合适的卡车或拖车。

图1-20 上车可能翻倒

在装卸机器时请注意下列事项。

(1)选择结实、水平的地面。

(2)务必使用装卸台或斜面。

(3)在装卸机器时，务必要有一名信号员协助操作。

(4)在装卸机器时，必须关闭自动急速开关，以避免因误触操纵杆而引起速度突然增加。

(5)用行走方式开关选择慢速方式。如果快速方式，行走速度会自动增大。

(6)在斜面上转向是极其危险的，应避免在上、下斜面时转向。如果需要转向，应先将机器驶回平面或平板车，修正方向后再驶上斜坡。

(7)在驶上或驶下斜面时，除行走操纵杆以外，不要操作任何其他控制杆。

(8)斜面顶端与平板交汇处呈凸起状，应小心驶过。

(9)防止在回转上车时机器翻倒可能引起的伤害。

(10)保持斗杆回收并缓慢回转上车，以获得最佳的稳定性。

(11)用链条或绳索固定住机器的车架。

(12)当在拖车上运输机器时，要遵守如下规定：研究所有限制负荷重量、宽度和长度的规定和当地法规，根据工作装置不同，机器的宽度、高度和重量是不同的，因此，在确定运输路线时，要考虑到这一点，必要时分解工作装置。

(13)在经过桥梁或私人土地的建筑物时，事先要检查其结构强度是否足以支撑机器的重量。当在公路上行驶时要请有关部门检查，并遵照他们的指导。

2.装卸机器

(1)在装卸机器时，必须关闭自动急速开关，以避免因操作失误而引起机器速度突然增加。

(2)应将行走速度开关设定在低速上且不要操纵行走速度开关，避免机器高速移动造成危险。

(3)转动速度调节旋钮，保持发动机以较低转速运行。

(4)在驶上或驶下斜面时禁止转向。如果需要转向，应首先返回地面或拖车平板，然后修正行走方向，再通过斜面。

(5)斜面顶端与拖车平板的相汇处呈凸起状，要小心驶过。

（6）防止上车回转时可能发生的机器倾倒及其导致的伤害。收缩、降低斗杆并缓慢地回转上车以获得最佳的稳定性。

（7）机器行驶在坡道上时，除行走操纵杆外，不要操纵其他的任何操纵杆。

（8）装卸前，彻底清扫斜面或装卸台和拖车板。机器在沾有油污、泥土或冰的斜面、装卸台和拖车平板上有打滑的风险。

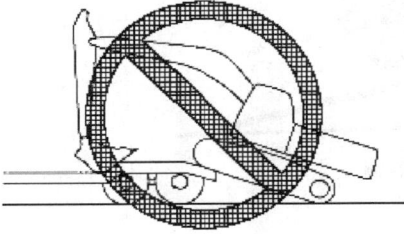

图 1-21　禁止无斜板上车

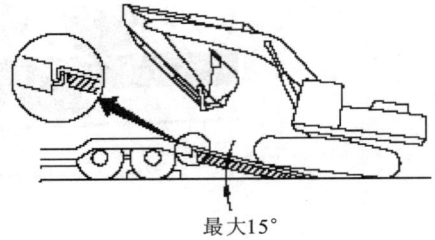

最大15°

图 1-22　上车时斜板角度

（四）保养维护安全

1. 执行安全保养

（1）在作业前了解保养规程。

（2）保持作业区域的清洁和干燥。

（3）不要在驾驶室内喷水或蒸汽。

（4）机器移动时，禁止给机器加油润滑或进行保养。

（5）避免手、脚和衣服与转动部件接触。

2. 保养机器前的注意事项

（1）将机器停放在水平地面上。

（2）将铲斗降到地面。

（3）关闭自动怠速开关。

（4）以怠速空载运转发动机 5 min。

（5）将钥匙开关转至 OFF（关），停止发动机。

（6）移动几下控制杆来释放液压系统内的压力。

（7）从钥匙开关上取下钥匙。

（8）在控制杆上挂上"禁止操作"标牌（图 1-23）。

（9）将先导控制杆拉到 LOCK（锁住）位置。

（10）冷却发动机。

（11）如果保养必须在发动机运转状态下实行，须有操作人员在机器上协助。

危　险

禁止操作

图 1-23　警告牌

（12）如果保养时必须抬起机器，应将动臂和斗杆之间的角度保持在90°～110°之间，支撑住被抬起机器的任何部件。

（13）禁止在被动臂抬起的机器下面作业（图1-24）。

（14）定期检查某些零件，根据需要进行修理或更换。

（15）保证所有零件正确安装并使其处在良好的工作状态。

（16）及时更换磨损或破碎的零件，清除所有积存的润滑脂、油或碎屑。

（17）在对电气系统进行调节或在机器上进行焊接前，务必脱开蓄电池上的线束。

3. 警告牌

预料之外的机器移动可能导致重伤。在对机器进行任何工作前，须在控制杆上挂上"禁止操作"的标牌。此标牌可从指定经销商处获得。

4. 正确地支撑机器

禁止在没有支撑好机器时对机器进行维修保养，在维修保养机器之前须将工作装置降到地面。如果必须抬起机器或工作装置进行维修保养，应确保机器或工作装置被牢固支撑。不要用矿渣砖、空心轮胎或架子来支撑机器，它们在连续载荷下可能会坍塌。不要在用单个千斤顶支撑的机器下工作。

5. 远离转动部件

卷入转动部件会导致重伤。在转动部件旁工作时，小心手、脚、衣服、首饰和头发不要被转动部件卷入（图1-25）。

6. 防止零件飞出

履带调节器中的润滑脂处于高压状态。如果不遵守以下注意事项，可能导致重伤失明或死亡事故。不要卸下润滑脂嘴或阀部件；由于零件可能飞出，身体和脸部必须离开阀体；行走减速器具有压力；由于零件可能飞出，身体和脸部必须离开空气排放栓，以免受伤；齿轮油过热，须等齿轮油冷却后逐渐松开空气排放栓，释放压力（图1-26）。

图1-24 禁止在抬起的动臂下作业

图1-25 远离转动部件

7. 安全存放配件

存放的配件，例如铲斗、液压锤和平铲，有可能倒落，导致严重伤亡事故。安全地存放配件和器械以防止倒塌，让儿童和其他人员远离存放区域（图1-27）。

图1-26 防止零件飞出

图1-27 安全存放配件

8. 防止灼伤

避免接触机器喷出的高温液体。操作后，发动机的冷却水是热水，并具有压力。发动机、散热器和空调热水管中有热水和蒸汽。如果皮肤接触到溢出的热水或蒸汽，将导致严重的灼伤（图1-28）。

（1）防止被可能喷出的热水烫伤。

（2）在发动机未冷却前，不要打开散热器的盖子。在打开盖子时，先缓慢地转动盖子，待完全释放掉压力后，再取下盖子。

（3）确认液压油箱是否被加压。确保在移去盖子前释放压力。

图1-28 防止灼伤

（4）在操作中，发动机油、齿轮油和液压油将变热。发动机、软管、管路和其他零件同样变热，应等到油及零部件冷却后，才开始检查或保养工作。

9. 定期更换橡胶软管

（1）因老化，疲劳和磨损，含有可燃液体的橡胶软管在压力作用下可能会破裂。仅靠检查很难判断橡胶软管是否老化和磨损，应定期更换橡胶软管。

（2）不定期更换橡胶软管时可能导致火灾、液体射入皮肤或工作装置砸到周围人员等事故，造成严重烫伤、坏疽或其他伤亡。

10. 小心高压液体

在压力下射出的柴油、液压油等液体穿透皮肤或射入眼内，将导致重伤、失明或死亡。应在拆卸液压或其他管路前释放压力，以避免这一危险。在加压前拧紧所有连接。用纸板查找泄漏，避免手和身体接触高压液体。戴好面罩或护目镜，以此保护眼睛（图1-29）。

如果发生意外,立刻接受熟悉此类外伤医生的治疗。任何接触皮肤的高温液体必须在几小时内进行外科处理,否则将导致灼伤。

图1-29　小心高压液体

11. 防止火灾

检查漏油:

(1)燃油、液压油和润滑脂的泄漏可能引起火灾。

(2)检查夹持器是否遗失或松弛,软管是否扭结,软管、管路是否相互摩擦,油冷器是否损坏,以及油冷器法兰螺栓是否松弛,以免漏油。

(3)及时紧固、修理或更换任何松弛、损坏或遗失的夹持器、管路、软管、油冷却器和油冷却器的法兰螺栓。

(4)禁止弯曲或敲击高压管路。

(5)不可安装弯曲或损坏的管路、管子或软管。

检查短路:

(1)电路短路可能引起火灾。

(2)清扫和紧固所有的电路连接。

(3)在每班前,或在8~10 h操作后,检查电缆和电线是否松弛、扭结、发硬或绽裂。

(4)在每班前,或在8~10 h操作后,检查接线端盖是否遗失或损坏。

(5)如果电缆或电线出现松弛、扭结等现象,禁止操作机器。

12. 清除易燃物

溅出的燃油和油、垃圾、润滑脂、碎屑、积存的煤屑及其他易燃物可能引起火灾。应每天检查和清扫机器,及时除去溅洒或积聚的可燃物,防止矢火。

检查钥匙开关:在失火时,如果无法关闭发动机,则会加重火势,不利于救火。每天在操作机器前应检查钥匙开关的功能,首先起动发动机,以怠速空载运转,然后把钥匙开关转到OFF(关)位置,确认发动机是否停止运转。

13. 检查隔热罩

(1)隔热罩的损坏或遗失可能引起火灾。

(2)如果发现隔热罩损坏或遗失,务必在操作机器前修理好或更换新的隔热罩。

14. 失火时的撤离

如果失火,按照下述方法撤离机器。

(1)如果时间允许,把钥匙开关转至OFF(关),停下发动机。

(2)如果时间允许,使用灭火器。撤离机器。

15. 避免在液压管路附近加热

在压力管附近加热可能产生易燃性喷雾,从而将导致您和旁立者被严重烧伤。

不要在液压管路或其他易燃材料附近熔焊、软焊或使用气炬。当热量超过直接燃烧区域时，液压管路随时可能被切断。在进行熔焊、软焊作业等时，应设置临时防火护套，以保护软管或其他材料。

避免加热含有易燃液体的管道，不要焊接或气割含有易燃液体的管道或软管。在焊接或气割管道前，应用不燃溶剂将其中的易燃液体彻底地清除（图1-30）。

图1-30　避免在液压管路附近加热

16. 焊接或加热前除去油漆

（1）油漆因熔焊、软焊或使用气炬而被加热时会产生有害气体，吸入这些气体会引起恶心反应。

（2）防止潜在有毒性气体和粉尘的发生。

（3）在户外或通风良好的地方进行油漆除去作业。正确处理油漆和溶剂。

在焊接或加热前除去油漆，去除油漆时的注意事项如下。

（1）如果使用砂纸和砂轮磨去油漆，应戴好合格的呼吸保护器防止吸入粉尘。

（2）如果使用溶剂或除漆剂去油漆，在焊接前要用肥皂和水洗去除漆剂。清除工作区内的溶剂或除漆剂容器和其他易燃物品。在焊接或加热前至少用15 min时间让挥发的气体散去。

17. 防止蓄电池爆炸

（1）蓄电池气体可能会爆炸。

（2）避免火焰接近蓄电池顶部。

（3）不可用横跨接线端放置金属物的方法来检查蓄电池电量，应使用电压表或比重计。

（4）禁止给冻结状态的蓄电池充电，否则会引起爆炸。应暖热蓄电池至16℃再充电。

（5）蓄电池的电解液有毒，如果蓄电池爆炸，蓄电池的电解液溅入眼中，可能导致失明。在检查电解液比重时，务必戴好护目镜。

18. 安全地保养空调系统

制冷剂溅到皮肤上会造成冻伤，绝对不要使制冷剂与皮肤接触。在保养空调系统时，参照制冷剂容器上的说明，正确使用制冷剂。规定的制冷剂为R134a，不可使用其他制冷剂，否则会造成空调系统损坏。在使用制冷剂时应注意以下两点。

（1）使用回收和循环系统，防止将制冷剂排放到大气中。

（2）在维修保养空调系统时远离火源（图1-31）。

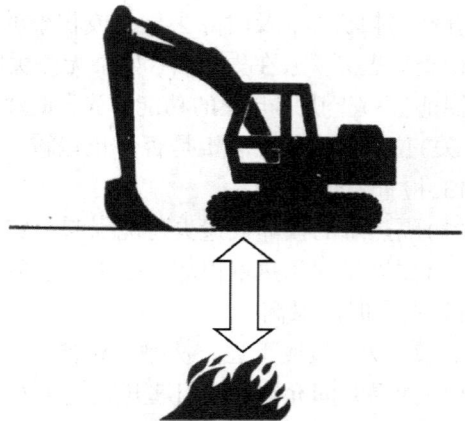

图1-31　远离火源

19. 正确地处理废物

（1）不适当地处理垃圾将对环境和生态带

16

来危害。设备中的潜在有害废物有油、燃油、冷却剂、制动液、过滤器和蓄电池等。

(2)在排放液体时应使用防漏容器。不要使用食品或饮料容器，因它有可能导致误饮。

(3)不要将废液倒在地上、下水道，或倒进任何水源。

(4)空调制冷剂泄漏可能破坏地球大气层。政府法规要求一个持证的空调服务中心来回收和再生空调制冷剂。

(5)向当地的环保或回收中心，或指定经销商询问回收或处理废物的正确方法。

二、任务小结与思考

(一)任务小结
挖掘机使用和操作过程中的安全事项有哪些？

(二)思考
如何保证挖掘机在施工时的安全？

任务三　挖掘机安全装置

【知识目标】

掌握挖掘机安全装置的作用。

【技能目标】

能识别、遵守安全装置的要求。

一、相关知识

(一)安全着装

安全用品主要包括硬质安全帽、安全鞋、安全眼镜、护目镜或面罩、厚质手套、听力保护器、反光服、雨具、口罩或过滤面具(图1-32)。

务必穿戴好工作服和安全用品,避免穿戴宽松衣物、首饰或其他可能钩住操纵杆或机器其他部件的物品。安全操作机器要求操作人员全神贯注,不要在操作时收听收音机或使用音乐耳机。

图1-32　安全用品

(二)认识安全标记

如图1-33所示是"注意安全"的标记。当您在机器上或本手册中见到此标记时,应意识到有人员受伤的风险。请遵循相关注意事项及安全操作方法。

(三)安全信号词汇

在机器安全标牌上,表示危害程度的词汇"危险""警告"或"注意"应与"注意安全"标记一起使用。

"危险":指有直接危险的情况。如不避免将造成死亡或重伤。

"警告":指有潜在危险的情况。如不避免可能造成死

图1-33　安全标记

亡或重伤。

"注意"：指有潜在危险的情况。如不避免可能造成轻度或中度受伤。

"危险"或"警告"安全标牌被设置在特定危害处附近，一般的注意事项被列在"注意"安全标牌上；为避免机器保护与人身安全指示之间的混淆，信号词汇"重要"用来表示可能造成机器损坏的情况"注"用来对个别信息做附加说明。

（四）噪声防护

（1）长时间置身于强噪声中会导致听觉受损或丧失。

（2）戴上适当的听觉保护器，例如耳塞，以避免强噪声的伤害。

（五）检查机器

为避免人员受伤，在每天或每班起动机器前应围绕机器仔细地进行巡回检查。在围绕机器进行巡回检查时，务必对"起动前检查"一章中所述的所有项目进行检查。

（六）使用扶手和梯子

跌落是造成人员受伤的主要原因之一，因此在使用扶手和梯子时应注意以下几点。

（1）在上下机器时，总是与梯子和扶手保持三点接触，并面向机器（图 1-34）。

（2）不要将任何控制杆、驾驶室门的把手当作扶手使用。

（3）不可跳上跳下机器，也不要登上、爬下移动中的机器。在使用机器时，注意平台、梯子及扶手湿滑。

（4）应随时清除所有踏板、扶手和鞋子上的泥渍、油渍和水渍。

图 1-34　使用扶手和梯子

（七）调节座椅

（1）不适合操作者作业的座椅会很快引起操作者疲劳，导致操作失误。

（2）每次调换机器操作者时，都应重新调节座位。

（3）操作者在背靠椅背时，应能够将踏板踩到底，并能正确地操作操纵杆。如果不能，可前后移动座位，重新进行调节。

（八）系好安全带

如果没有系安全带，一旦发生翻车事故，操作者可能受伤或被抛出驾驶室，甚至可能被翻倒的机器压到，导致严重的伤亡事故。在操作机器前，要仔细检查安全带的带子、带扣和固定件。

（1）如果发现安全带有任何损伤，应在操作机器前更换安全带或其部件。

（2）在机器运转时，务必始终坐在操作椅上并系好安全带，将因意外事故导致受伤的可能性降到最小。

（3）建议每三年更换一次安全带。

（九）操作位置要求

不正确的发动机起动步骤可能引起机器失控，从而导致严重的伤亡事故。因此应遵守以下几点要求。

（1）只在操作席上起动发动机。

（2）禁止站在履带或地面上起动发动机。

（3）起动发动机前确认所操纵杆都处于中立位置。

注：安全操纵杆处于锁定位置才能起动发动机，在开锁位置无法起动发动机。

（十）跨接起动

（1）蓄电池气体可能发生爆炸，导致严重的伤亡事故。

（2）如果必须用跨接起动的方法来起动发动机应由两个人进行操作。

（3）禁止使用冻结的蓄电池。

（4）如不遵守正确的跨接起动步骤，可能会导致电池爆炸或机器失控。

（十一）禁止机器搭载乘员

机器上的乘员容易受伤，例如，被异物击中或被机器上抛下。

其他乘员可能阻挡操作员的视线，导致操作员在不安全的情况下操作机器，因此只允许操作员在机器上，禁止搭载其他乘员（图1-35）。

（十二）安全地停放机器

为了防止事故，停放机器时应注意以下几点：

（1）将机器停放在水平地面上。

（2）将铲斗降到地上。

图1-35 禁止搭载人员

（3）关掉自动怠速开关。

（4）以怠速空载运转发动机5 min。

（5）把钥匙开关转至OFF（关），停止发动机。

（6）从钥匙开关上取下钥匙。

（7）把安全操纵杆拉到LOCK（锁住）位置。

（8）关上窗子、天窗和驾驶室门。

（9）锁上所有检修门和箱室。

（十三）安全地处置液体

小心处置燃油，因为它是高度易燃的。如果燃油被点燃，会发生爆炸和（或）火灾，可能导致人员伤亡。

（1）在吸烟时，或者在明火或火花近处，禁止给机器加燃油（图1-36）。

（2）在加油前，必须停止发动机。

（3）在户外加灌燃油。

（4）所有燃油、大部分润滑剂和一些冷却剂都是易燃的，因此在将易燃液体储存在远离有失火危险的地方。

（5）不要焚烧或者刺破压力容器。

（6）不要存放含油的抹布，它们可能被点燃或自发性地燃烧。

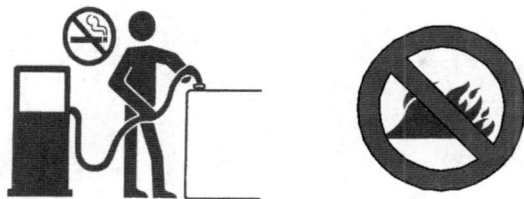

图 1-36 在吸烟和明火处不得加油

(十四) 警示标识和信息

1. 挖掘机工作区域

不要在挖掘机工作区域停留，否则有被碾压的危险。

2. 挖掘机工作范围

不要进入挖掘机工作范围，否则有被碾压的危险(图 1-37)。

图 1-37 不得进入挖机工作范围

3. 挖掘机履带松紧调节

调松履带时不要超过一圈，否则有被高压下飞出的调节阀击伤的危险(图 1-38)。

4. 挖掘机前进方向

警示当向前操纵挖掘机的行走操纵杆(踏板)时挖掘机的实际前进方向(图 1-39)。

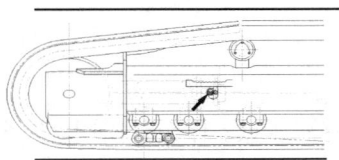

图 1-38 卸压时注意点

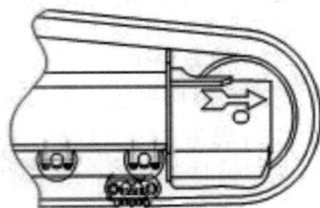

图 1-39 挖掘机前进方向

21

5. 柴油箱标识

警示用户在不同的环境温度下应加注不同牌号的优质柴油（图1-40）。

6. 液压油箱标识

警示用户加注液压油的牌号、清洁度以及液压油箱的容积（图1-41）。

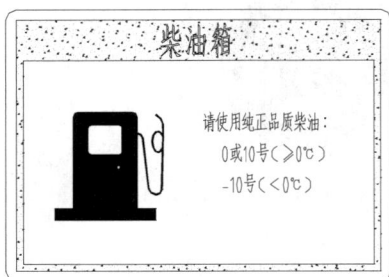

图1-40　柴油注意事项

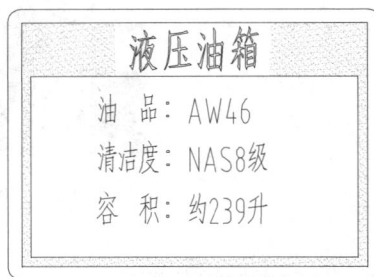

图1-41　液压油注意事项

7. 安全操纵杆"锁紧/开启"标示

警示用户在使用机器时开锁，停止机器时闭锁（图1-42）。

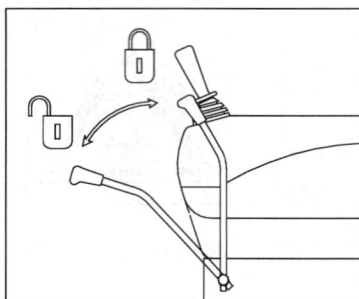

图1-42　安全操作杆指示

8. 起动发动机

如果工作装置操纵杆上挂有警告标识，不得起动发动机或接触操作杆。

二、任务小结与思考

(一)任务小结

挖掘机有哪些安全保证？

(二)思考

液压锁是干什么的？为什么必须要有液压锁？什么时候用？怎么用？

项目二
挖掘机操作

挖掘机操作分为基本操作和施工操作两项内容。基本操作要领能使操作人员掌握挖掘机各项作业装置动作，而施工操作能使操作者掌握正确的施工技巧。挖掘机的施工不仅要求操作者熟练驾驶机器，并且要熟练掌握施工的正确方法，因为施工工地环境复杂，不进行施工操作的训练直接进行施工作业，是十分危险的事情。

【知识目标】

（1）掌握挖掘机各主要零部件的名称及作用；

（2）掌握挖掘机驾驶室的各监控作用；

（3）掌握挖掘机各操纵杆功能；

（4）掌握挖掘机安全施工操作方法。

【技能目标】

（1）能熟练操作挖掘机实现空动作；

（2）能熟练操作挖掘机进行基本施工；

（3）能正确判断驾驶室各仪表报警情况。

任务一 挖掘机基本操作

【知识目标】

熟悉挖掘机各重要零部件名称及作用，并且掌握挖掘机驾驶室各仪表报警装置的功能，熟练机器各操纵功能。

【技能目标】

用挖掘机进行基本的空操作。

一、相关知识

(一)挖掘机基本构造

(1)挖掘机按照重要零部件可以分为七个模块(图2-1)。

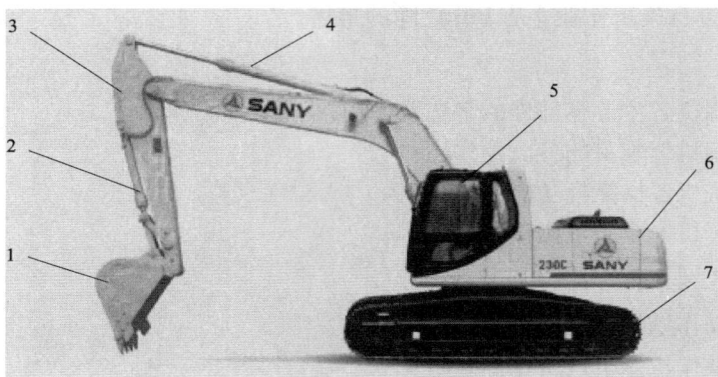

图2-1　挖掘机主要组成零部件

1—铲斗或梅花爪或破碎锤；2—油缸；3—斗杆；4—动臂；
5—驾驶室；6—配重及覆盖件；7—履带及行走装置

(2)按照布置位置可以分为三大模块(图2-2)。

工作装置——动臂、斗杆、铲斗、液压油缸、连杆、销轴、管路。

上车部分——发动机、液压主泵、主阀、驾驶室、回转机构、上平台、液压油箱、燃油箱、控制油路、电器部件、配重。

下车部分——履带架、履带、引导轮、支重轮、托轮、张紧装置、中央回转接头、回转支承、行走机构。

(3)各主要零部件位置(图2-3)。

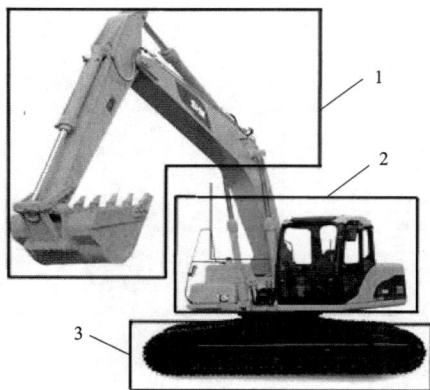

图2-2　挖掘机主要组成分块

1—工作装置；2—上车部分；3—下车部分

24

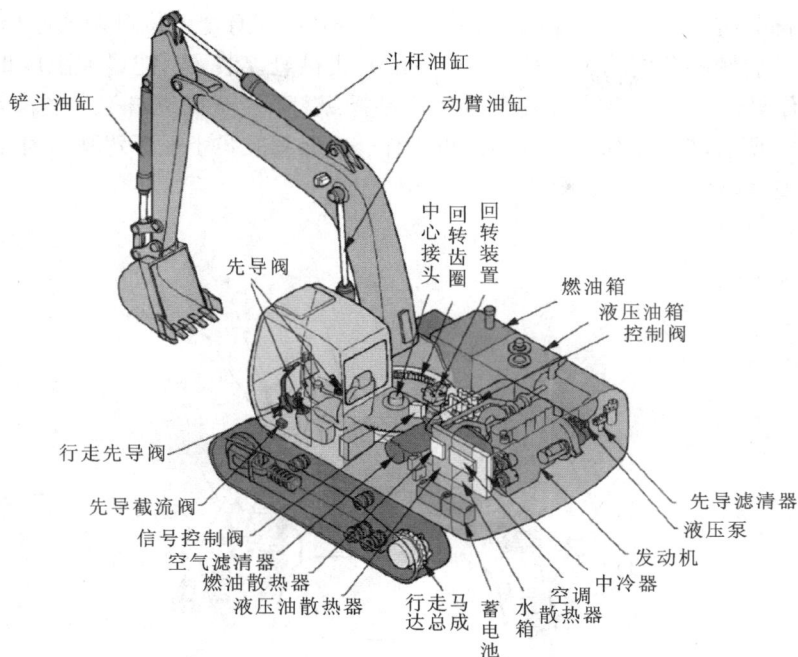

图 2-3 各主要零部件位置图

(二)挖掘机械驾驶室

挖掘机操作室是驾驶员直接控制机器的场所，内有各种操作杆及仪表报警装置，因此了解挖掘机操作室的布局及各项功能尤为重要。挖掘机操作室布局图如图 2-4 所示。

图 2-4 挖掘机操作室布局图

1—行走装置操纵杆；2—右工作装置操纵杆；3—喇叭开关；
4—二次增压开关；5—左工作装置操纵杆；6—先导控制杆

驾驶室内部按人机工程学原理设计，调整方便，操纵手柄和脚踏板所需操纵力小，每个操纵按钮都在驾驶员伸手可及的范围之内。驾驶室天窗可以开启，前窗可以向上翻至顶部，由下窗可看到履带和附近地面。由于机罩低矮，后窗户提供了后方和左侧的良好视野，使操

25

作员在驾驶室内部也能有广阔的视野。

驾驶室内部装有冷暖空调、音响，改善了工作环境；配有全方位可调式座椅，座椅前后、上下位置以及前后倾翻角度均可调整，座椅下配有机械悬浮装置，能最大限度地减轻机器的振动，保证操作舒适性。在座椅旁装有液压启动操纵杆（安全操纵杆），当操纵杆向后拉至"锁住"位置时，所有液压操纵机构都不能再操作，确保驾驶员上、下驾驶室时不造成机器的意外操纵。驾驶室内详细部件如图2-5。

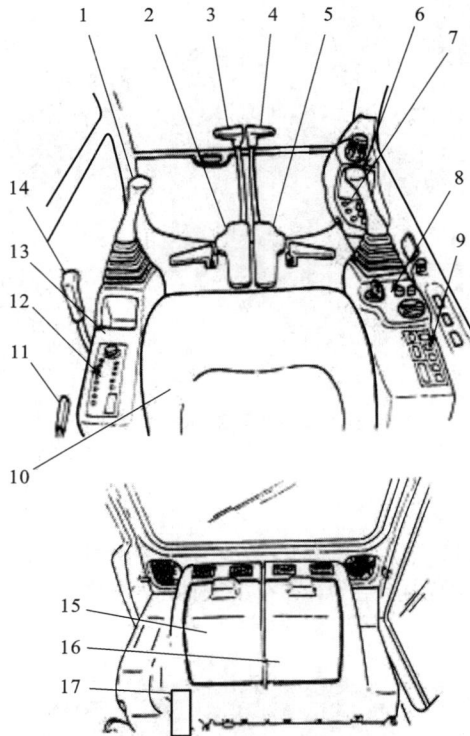

图2-5　挖掘机驾驶室内详细部件图

1—左侧控制杆/二次增压(在操作杆上部)；2—左行走踏板；3—左行走操作杆；4—右行走操作杆；5—右行走踏板；6—左侧控制杆/喇叭(在操作杆上部)；7—控制仪表；8—右侧控制仪表盘；9—收音机仪表盘；10—操作座椅；11—驾驶室门释放杆；12—空调控制面板；13—操纵箱；14—先导控制开关(安全操纵杆)；15—冷、暖盒；16—冷、暖盒；17—保险丝盒

驾驶室内的核心监控窗口为监视仪表盘，它集成了各种仪表的报警灯等功能，具备功能强大、集成度高、可靠性强的优点(图2-6)。

1. 冷却水温度表(图2-7)

指示发动机冷却水温度。操作时，指针处于绿色范围；低于97℃表示冷却水温度正常。

2. 燃油表(图2-7)

指示燃油余量,需在燃油指示表进入红色区域前添加燃油。

3. 机油压力表(图2-7)

随时监控发动机的机油压力。

4. 工作模式选择

能实现四种工作模式的控制(图2-8)。

(1)重负荷作业模式(H模式)。

(2)标准作业模式(S模式)。

(3)轻负荷作业模式(L模式)。

(4)破碎器作业模式(B模式)。

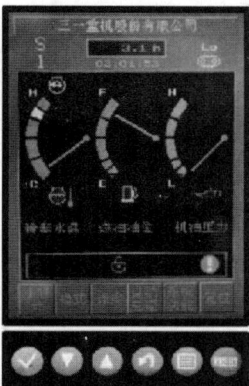

图2-6　监视仪表盘实物图

图2-7　冷却水温度表、燃油表、机油压力表示意图

图2-8　工作模式显示界面

5. 发电机指示灯(红色)

当钥匙开关在接通位置时,该指示灯亮(图2-9);当发动机运转,发电机正常发电时,该指示灯熄灭;如果该灯一直亮,则请检查发电机是否出现故障。

图2-9　发电机指示灯

6. 自动怠速开关

自动怠速有效时，即在触摸屏上显示为"自动怠速"，当系统液压操纵杆回中位时间超过5 s，发动机自动降到（1400±50）r/min 运转；当开始工作时，发动机立即恢复到原调节的转速；按下"自动怠速"按钮将取消怠速，同时触摸屏上显示"取消怠速"；"自动怠速"状态下，在需短时间停歇操作的工作中，发动机在停歇间隙进入怠速运转状态，可以达到节省燃油的目的。

7. 雨刮器及开关、洗涤器开关、工作灯开关

下雨或前窗玻璃较脏，需要开雨刮器时，按下此开关（图 2-10）。

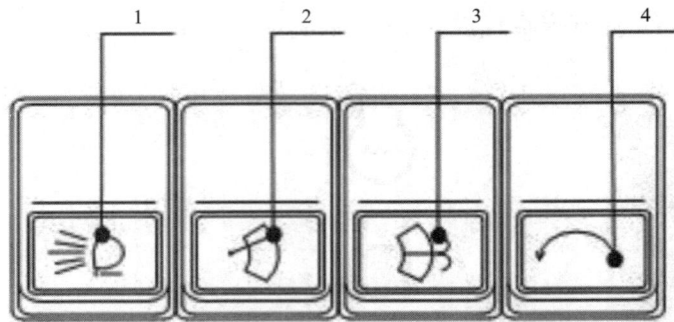

图 2-10　控制开关

1—工作灯开关；2—雨刮器开关；3—喷水器按钮；4—回转备用开关

注：使用雨刮器前请先按下洗涤器开关喷出一定量的洗涤剂，防止干摩擦损坏雨刮器。

8. 启动钥匙开关

OFF—电源关闭；ON—电源打开；START—发动机启动（图 2-11）。

9. 油门旋钮

油门旋钮可以调节发动机的转速，顺时针转动可增加发动机转速，逆时针转动可降低发动机转速（图 2-12）。

图 2-11　启动开关

图 2-12　油门旋钮

10. 喇叭开关

喇叭开关装设在右控制杆的顶部，只要按着开关，喇叭就会持续鸣响(图 2-13)。

图 2-13　喇叭开关

11. 空调控制面板及各按钮的名称(图 2-14)

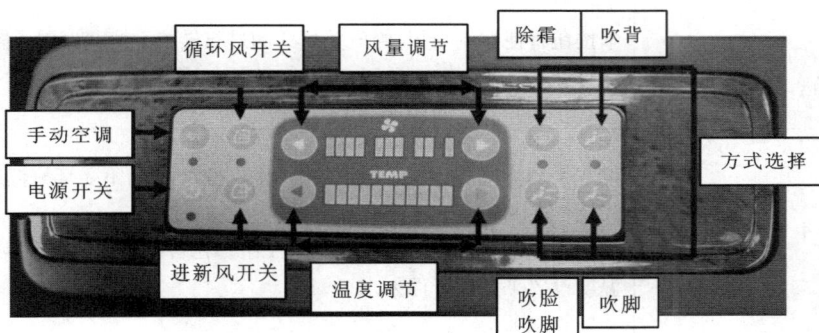

图 2-14　空调控制面板

空调机操作较为复杂，各种符号对应的功能见表 2-1。

表 2-1　空调机各种符号对应功能表

图示	名称	说　　明
	进新风开关	当按下进新风选择开关时，控制面板上相应的符号会显亮，并将进新鲜风的风门打开
	温度选择开关（降低）	当按下温度选择开关(降低)时，将会使预设温度显示值降低，按下温度选择开关来降低温度，单按一次，显示值降低一个模拟量

图示	名称	说　明
⬛	温度显示	显示温度高低的模拟量。
◀	温度选择开关 （升高）	当按下温度选择开关(升高)时,将会使预设温度显示值升高。单按一次,显示值升高一个模拟量
◁	风速开关 （增加）	按该键会使风速逐步增加。单按一次,显示值升高一个模拟量
⬛	风量显示	显示风量大小的模拟量
⏻	开/关按钮	本按钮将使控制面板在开/关模式间进行转换。当打开时,控制面板背景灯打开,即可操作
A/C	手动空调开关	按下手动空调开关,可控制空调制冷或制热,而不受环境温度的影响。 注意：①该开关应当在窗口除霜和除湿时使用。 ②使用空调系统时,不必按下此按钮。在自动温度控制时可以靠简单的温度设置来达到降温要求
▷	风速开关 （减少）	按该键会使风速逐步降低。单按一次,显示值降低一个模拟量
🜄	出风选择开关 （除霜）	当按下出风选择开关(除霜)时,控制面板上会显亮相应的符号,并将除霜的风门打开
🜄	出风选择开关 （吹脸/吹脚）	当按下出风选择开关(吹脸/吹脚)时,控制面板上会显亮相应的符号,并将吹脸和吹脚的风门打开
🜄	出风选择开关 （吹背）	当按下出风选择开关(吹背)时,控制面板上会显亮相应的符号,并将吹背的风门打开

续表

图示	名称	说　　明
（图示）	出风选择开关 （吹脚）	当按下出风选择开关(吹脚)时，控制面板上会显亮相应的符号，并将吹脚的风门打开
（图示）	循环风开关	当按下循环风选择开关时，控制面板上会显亮相应的符号，并将进循环风的风门打开

空调使用注意事项：

(1)空调系统必须在发动机启动后才能使用，发动机停止后，应将电源开关关闭。

(2)在春、秋或冬季，因不使用空调制冷，必须每隔一周启动制冷运转 5 min 左右，防止系统内运动部件因长期不用而锈蚀。

(3)因供暖系统与水箱相通，当环境温度低于 0℃，长时间停止使用时，水箱须放水，或加防冻液，以防止加热器的铜管冻裂。

12.收音机面板及各按钮的名称(图 2-15)

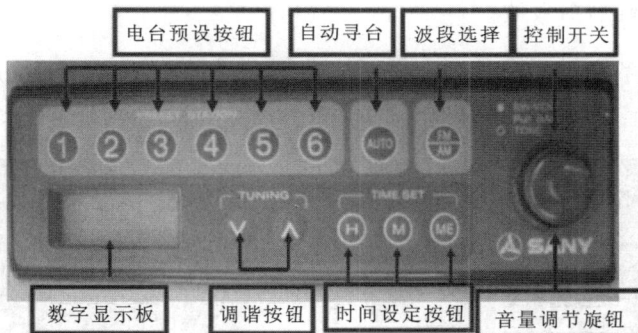

图 2-15　收音机面板

(1)控制器和开关。

1)电源开关、音量控制旋钮。

2)音调调节旋钮。

3)显示方式变换按钮。

当打开电源开关时，频率将自动显示在数字显示板上。按下显示方式变换按钮，即时时间(时钟)将显示 5 s。5 s 后，若不进行时间设定按钮的操作，将回到频率显示。

4)调谐按钮。

5)自动寻找按钮。

6)电台预设按钮。

7)数字显示板。

8）时间设定按钮。

（2）调谐方法。

1）主动调谐方法。

按动各调谐按钮，可选择想要的电台频率，每按一次调谐按钮，频率将改变 9 kHz。

按增大按钮，频率增大；按减小按钮，频率减小。在频率达到最高或最低后，如果继续按动同一按钮，显示将会分别变到最低或最高频率。

2）自动寻找功能。

按住自动寻找钮半秒以上，然后放开，频率显示将会变到下一个较高的电台频率上。若要调到较高的电台频率，可重复上述步骤。如果在变到下一个高频率电台之前再按一下自动寻找按钮，自动寻找功能将被解除。显示板将显示该瞬时的频率。

如果接收的无线电波很弱，例如，当机器处于高楼之间时，可使用手动调谐方法来选择想要的电台。

13. 驾驶室门释放杆

把驾驶室门完全打开，直到它被侧壁上的碰锁锁住为止（图 2-16）。

14. 紧急出口

紧急出口（图 2-17）为驾驶室后窗，如果在紧急情况发生时，驾驶室门打不开，可按下述方法撤离：

（1）取下逃生锤。

（2）用逃生锤击碎后窗玻璃。

（3）从后窗爬出。

注：驾驶室使用的所有玻璃为安全玻璃，当其被击碎时不会产生伤害人体的棱角。

图 2-16　驾驶室门释放杆　　　　　　　　图 2-17　紧急出口

15. 调节座椅

机器配有全方位可调式座椅，座椅前后、上下位置以及前后倾翻角度均可调整，座椅下配有机械悬浮装置，能最大限度减轻机器的振动，保证操作舒适性。

（1）座椅高度和角度的调节。

座椅高度调节共 3 挡。直接用手向上提升座椅，听到第 1 声"咔嗒"后松手，座椅上升了

1挡;再用手向上提升并听到第2响,座椅又上升了一挡;再次用手向上提升后松开,座椅恢复到起始状态。座椅调节示意图如图2-18,座椅调节实物图如图2-19。

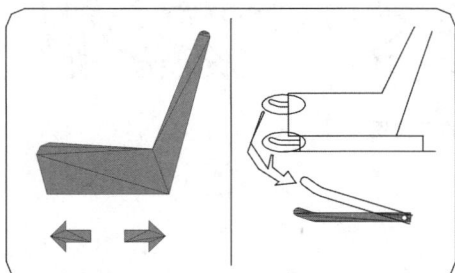

图 2-18 座椅调节示意图

图 2-19 座椅调节实物图

（2）座椅的靠背调节。

拉起靠背下部左侧的调节杆,直接用力前/后调节靠背到合适的角度,松开调节杆后靠背自动固定即可调整获得合适的座椅靠背角度。

（3）座椅的前后调节。

座椅前后位置调节采用双层滑轨控制,前后行程达200 mm;可以根据司机的体形,调节座椅的前后位置,从而使司机舒适地操纵机器做各种动作。坐到座椅上,拉起座椅前的调节杆,前/后推拉座椅,调节到合适的位置,松开调节杆,座椅固定。

（4）扶手调节。

如图2-20,用手能将扶手①拉到垂直位置上,以便上、下机器。转动扶手①底部的调节转盘②可将扶手①的角度调到想要的位置上。

（5）承重调节。

不同体重的司机,可以调节座椅下部的承重调节盘至与自己体重相符的刻度。

16. 安全带

注意:操作机器时,必须使用安全带。操作机器前,务必检查如图2-21的安全带①、锁扣②或连接件的磨损情况。如果发现有磨损或有断裂的可能,应更换安全带①、锁扣②和连接件。无论外观如何,每3年应更换安全带①。系安全带示意图如图2-21所示。

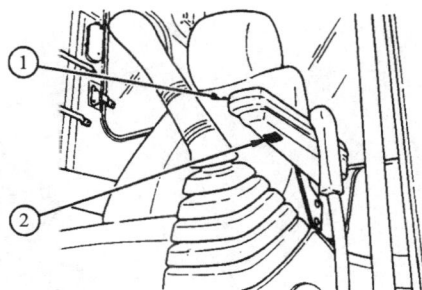

图 2-20 扶手调节
①—扶手;②—调节转盘

系安全带步骤(图2-21):

（1）确定安全带①没有被扭转,保证将安全带①的端部插入锁扣中,轻轻地拉动安全带,以确认锁扣②是否被扣牢。

（2）调节安全带①,使其恰当且舒适地系在司机的腰上。

（3）按下锁扣②上的按钮③来松开安全带①。

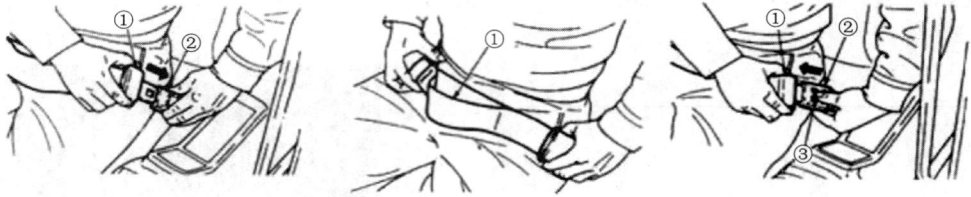

图 2-21　系安全带的示意图

(三)挖掘机操纵杆和脚踏板

挖掘机操纵杆如图 2-22。挖掘机脚踏板如图 2-23。

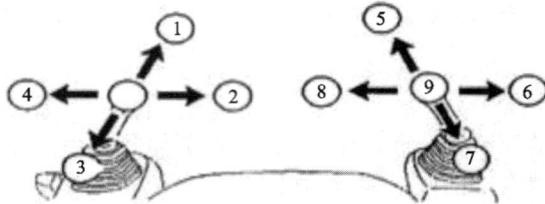

图 2-22　操纵杆及功用示意图

1—小臂向外；2—向右回转；3—小臂向内；4—向左回转；

5—大臂向下；6—铲斗倾倒；7—大臂举升；8—铲斗闭合；9—保持不动

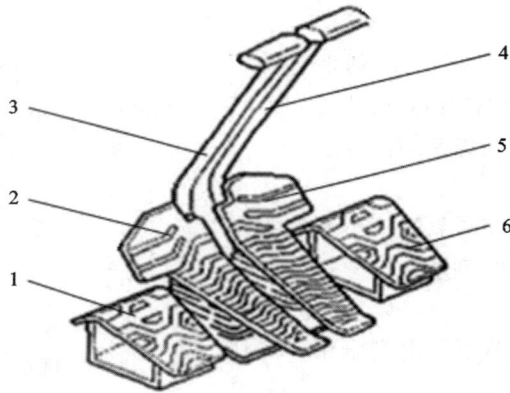

图 2-23　行走装置功能图

1—左休息脚踏板；2—左行走脚踏板；3—左行走手推杆；

4—右行走手推杆；5—右行走脚踏板；6—右休息脚踏板

图 2-23 中的 2 或 3 推向前方则左履带向前转动，推向后方则左履带往后转动；4 或 5 推向前方则右履带向前转动，推向后方则右履带往后转动；1 和 6 为休息踏板，无操作功能。

注：挖掘机能实现 360°任意转动，故行走前一定要注意挖掘机方向性，当 180°转动后，履带控制踏板功能将全部相反。

(四) 挖掘机起动和停止

1. 起动发动机前的检查

(1) 确认先导控制开关杆处于锁住位置。

(2) 确认所有操纵杆都处于中立位置。

(3) 检查指示灯的灯泡,将钥匙开关转到开的位置时全部指示灯和报警灯将点亮。

(4) 调节座椅,以靠在椅背上也能将踏板踩到极限位置并能将控制杆推到极限位置为宜,系好安全带。

注:1) 为避免损坏仪表盘表面,应用湿布擦拭监视器或开关盘。

　　2) 开关零件是用橡皮制的。不要用螺丝刀等尖物刮破橡皮制的零件。

2. 起动发动机

(1) 将先导控制开关杆拉到锁住位置。

(2) 将启动钥匙开关转到开的位置。

(3) 鸣喇叭以提醒周围人员。

(4) 将发动机控制旋钮转到低速空载位置。

(5) 转动钥匙开关起动发动机。放开钥匙,开关将回到开的位置。

注意:防止损坏起动器。

为避免起动器损坏,每次操作起动马达不可超过 10 s。如果发动机不能被起动,将钥匙开关转回到关的位置,等 30 s 后再试。在起动失败后,若在发动机未停下时便转动钥匙开关,将会损坏起动器。

3. 停放机器

(1) 将机器停放在水平地面上。

(2) 将铲斗降至地面。

(3) 关闭自动怠速开关。

(4) 将发动机控制旋钮以逆时针方向转到极限位置(低速空载位置)。运转发动机约 5 min,使发动机冷却。

(5) 将钥匙开关转到关,从钥匙开关上取下钥匙。

(6) 将先导控制开关杆拉到锁住位置(图 2-24)。

注意:在阴雨天要保护好驾驶室的电气部件,在停放机器时,必须关好窗户、天窗和驾驶门,并锁上所有的检修门和箱室。

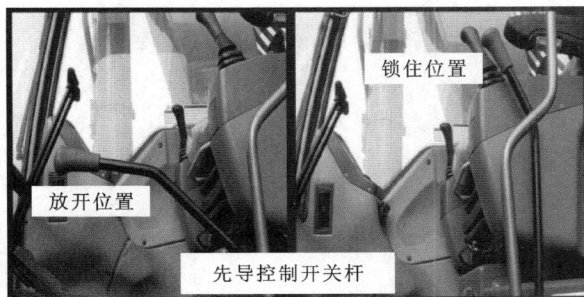

图 2-24　液压锁的位置

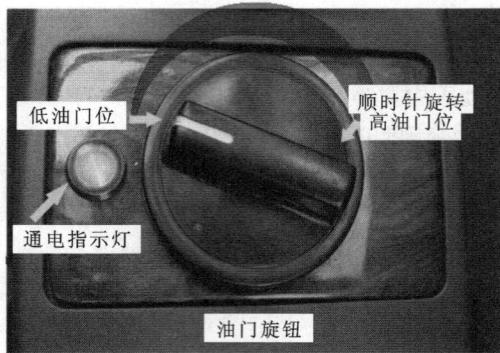

图 2-25 油门控制和充电指示灯

二、任务小结与思考

(一)任务小结

挖掘机基本操作内容学习，要求全面掌握驾驶室内各开关按钮的作用和各仪器仪表代表的意义。在此基础上掌握发动机的正确起动、正确停车以及正确操作功能手柄。全面掌握挖掘机基本操作方法。

(二)思考

若驱动轮在驾驶室视野的前方，此时需要左转整个车体，该如何操作？有几种方法？

任务二 挖掘机施工操作

【知识目标】

结合实际施工方法,对机器的正确移动、停放、运输、作业等动作方法进行教学,让学生全面掌握施工的基本技能,为学生后续成为挖掘能手做好铺垫。

【技能目标】

能用挖掘机进行基本施工操作。

一、相关知识

(一)机器的移动

当机器在狭窄区域内行走、回转或进行其他操作时,应配合1名信号员。在起动机器前,要协调好信号,按正确的行走方式行走(图2-26)。

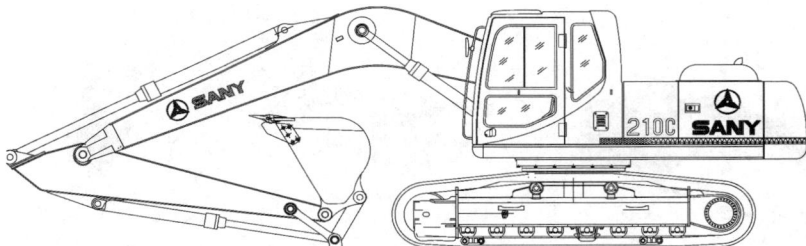

图 2-26 挖掘机正确行走方式图

(1)移动机器前,必须明确,所要行驶的方向与行走操纵该踏板/杆的方向是否一致。当行走马达在后部时,踩下行走踏板的前部,或向前推行走杆,机器将往前行走。

(2)尽可能选择平地,尽可能沿直线驾驶机器,小幅度、逐渐地改变方向。

(3)在行走前,检查桥梁和路基的强度并根据需要进行加强。

(4)为了不损坏路面,应使用木板铺垫。夏天在柏油马路上行走时,要小心驾驶。

(5)横穿轨道时,为不损坏轨道,应使用木板铺垫。

(6)不要让机器与电线和桥梁边缘接触。

(7)横穿河流时,应先用铲斗测量河水的深度,缓慢地过河。不要在河水超过托链轮上部边缘的情况下过河。

(8)当在不平地带行走时,降低发动机的速度,选择低行走速度。较慢的速度将减少损坏机器的可能性。

(9)避免可能损坏履带和履带下车部件的操作。

(10)在冰冻天气,装载和卸载机器前,一定要清除履带板上积雪和冰以防止机器打滑。

在斜坡上,务必以低速行走。禁止用铲斗装着物料或吊着物体在斜坡上行走。

(1)禁止上下坡度大小30°的斜坡,禁止横穿坡度大于15°的斜坡。

（2）务必系好安全带。

（3）行走时保持铲斗朝向，并离地200～300 mm，如图2-27中的A，如果机器开始打滑或失稳，立即降下铲斗。

（4）不要试图在斜坡上转向。机器有可能打滑或倾翻。只有在非常平缓且地面结实的斜地上才可进行转向。

（5）尽量避免横穿斜坡，机器有可能打滑或倾翻。

（6）避免在斜坡上回转上车，绝对不要试图将上车往反方向转。机器有可能翻倒。如果必须向下坡方向转动，要以低速小心地操作上车和动臂。

（7）如果在斜坡上发动机熄火，应立即将铲斗降至地面，将各操纵杆回到中立位置，然后重新起动发动机。

（8）在上陡坡之前，务必充分预热机器。如果液压油没有得到充分预热，则有可能无法充分发挥机器的性能。

（9）在斜坡上行走时，履带应朝向上坡方向。

（10）在负载回转时，为防止机器倾翻，应将铲斗保持在上坡侧，不要把载荷转向下坡侧，同时减小回转速度（图2-27）。

图2-27　挖机行走方式示意图

（二）禁止的操作

1. 利用回转力的操作

不要利用回转力压实地面或破碎物体。这样做不仅危险，还将明显缩短机器的使用寿命。

2. 利用行走力的操作

不要把铲斗掘入地面，利用行走力挖掘。这样做会损坏机器和工作装置。

3. 利用液压油缸行程末端操作

避免在液压油缸完全缩回或完全伸出的情况下进行操作。

4. 利用铲斗下降力的操作

不要将机器的下降力用于挖掘或将铲斗的下降力用作手镐、破碎器或打桩机（图2-28）。

5. 突然转换至高速行走

不要突然转换操纵杆，因为这样会造成突然起动，容易损坏行走机构。

（三）停放机器

发动机停机步骤：

（1）将机器停放在平地上。

（2）将铲斗降至地面，如图2-28所示。

（3）将发动机控制旋钮转到低速空载位置，并运转发动机5 min，以使发动机冷却。

（4）将钥匙开关转到关的位置，从开关上取下钥匙。

（5）将先导控制开关杆拉到锁住的位置。

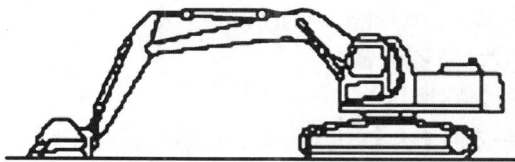

图2-28　正确停机图

注意：

1）如用不正确的方法关闭发动机，涡轮增压器将有被损坏的可能。

2）在寒冷天气，要把机器停放在坚硬的地面上，以避免履带与地面冻结在一起。清除履带和履带架上的碎屑。如果履带与地面冻结在一起，应用动臂提起履带，并小心地移动机器，以避免驱动轮和履带的损坏。尽可能选择平坦的路面，并尽可能以直线和小幅度的变化来操作机器改变方向。当在不平坦的地面驾驶时，要降低发动机速度，以减小损坏履带和下车体的可能性。

（四）斜坡停放

尽量避免在斜坡上停放机器，机器有可能倾翻，导致人员受伤。如果必须在斜坡上停放机器，应注意以下事项。

（1）将铲斗齿插入地面（图2-29）。

（2）将各操作杆回到中位，并将先导控制开关拉到锁住位置。

（3）用挡块顶住两侧履带。

（五）跑合运动

1. 最初的50 h之内

在最初的50 h之内要加倍注意机器工作状态，直到你能感觉并已完全熟悉机器的声音为止。

（1）只采用经济方式，并将发动机功率限制在全负荷的80%以内来操作机器。

（2）避免让发动机过度空载。

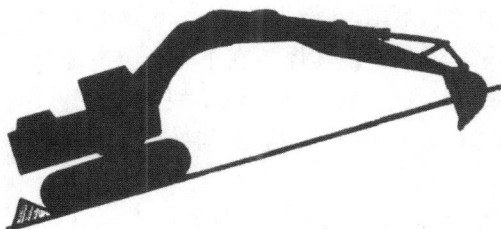

图2-29　斜坡停车正确示意图

（3）操作时要每隔8 h或者每天检查指示灯和显示仪表。

（4）每隔8 h或者每天保养一次。（参照保养章节中的每日保养）。

（5）谨防液体的渗漏。

（6）在最初的100 h里，或者在泥水里作业时，每隔8 h润滑一次工作装置的销轴。

2. 最初的50 h之后

（1）每50 h保养一次。

（2）检查可见的紧固件的扭矩。

3. 最初的 100 h 之后

每 50 h 或每隔 100 h 保养一次。

（六）机器运输

1. 公路运输

在公路上运输机器（图 2-30）时，首先应了解并遵守所有的地方法规。

（1）用拖车运输时，对用来装载机器的拖车的长、宽、高和重量进行核实。

（2）事先考察运输路线的状况，如尺寸、重量限制和交通规定。

（3）有时需要分解机器，以满足当地规定的尺寸或重量限制。

注意：运输重量和尺寸可能会因所装的履带板种类和工作装置而异。

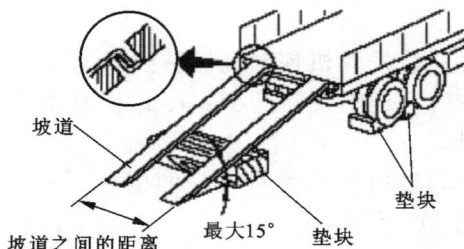

图 2-30 公路运输车示意图

2. 装车

（1）必须在坚实水平的地面上装卸机器，与道路边缘保持一定的安全距离。

（2）使用斜面或装卸台时，要在车轮下放置好挡块。

（3）斜面必须有足够的宽度且务必使斜面的倾斜度小于 15°。

（4）装卸台必须有足够的宽度和强度支撑机器，并有一个小于 15°的坡度。

（5）机器的方向：不带工作装置，如图 2-31 所示。

带有工作装置，将铲斗的平坦面支撑在拖车上，斗杆与动臂的夹角应该为 90°~110°，如图 2-32 所示。在机器开始向前往拖车平板上倾转时，将铲斗支撑到拖车上，缓慢地向前行走，直到将履带全部开上拖车并稳固地接触在平板上为止。稍微提起铲斗，收入斗杆并使其保持在下方，缓慢地将上车回转 180°。将铲斗降到垫块上。

（6）机器的中线应该与拖车的中线对应。

（7）缓慢地把机器驶上斜面（图 2-31）。

（8）停止发动机，从开关上取下钥匙。

（9）操纵几次控制杆，直到液压缸中的压力被完全释放为止。

（10）将先导控制开关杆拉到锁住位置。

（11）关上驾驶室的窗户、通气天窗和门，罩上排气口，以防风雨进入。

注：在寒冷天气，务必在装卸机器前进行预热。

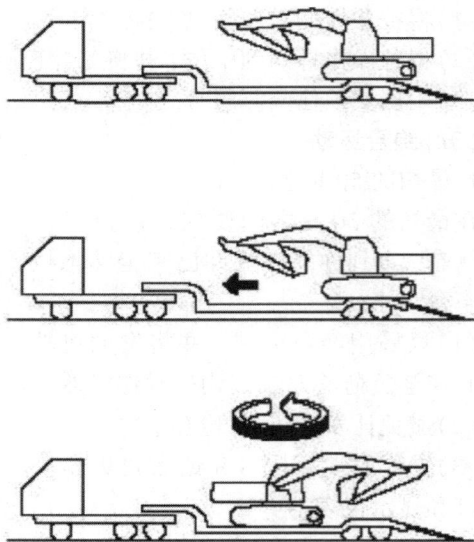

图 2-31 上车步骤

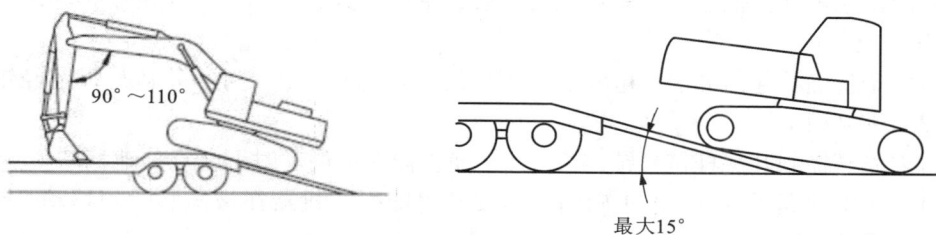

图 2-32　装车要求

3. 运输

（1）在履带的前后放置垫块。

（2）用链条或缆索将机器的四个角和工作装置固定到拖车上。

注意：将链条或绳索系在机器的车架上，不要将链条或缆索跨过或压在液压管路或软管上。运输时应注意以上两点。

4. 卸车

（1）拖车平板后端与斜面的相汇处呈凸起状，要小心驶过。

（2）当机器移到拖车的后轮上方，移向坡道时，停止移动机器。

（3）将斗杆与动臂的夹角调整到 90°～110°，铲斗的平坦面支撑在地面上，然后缓慢移动机器进入坡道。

（4）当机器移到坡道时，缓慢操纵动臂和斗杆，小心地降下机器直到完全离开坡道。

注意事项：

1）防止工作装置可能出现的损伤。卸车时，始终保持斗杆与动臂的夹角为 90°。收入斗杆卸车可能会导致机器损伤。

2）升起工作装置，将斗杆收到动臂下方，然后缓慢移动机器。

3）防止液压缸可能出现的损伤。不要让机器铲斗与地面发生剧烈碰撞（图 2-33）。

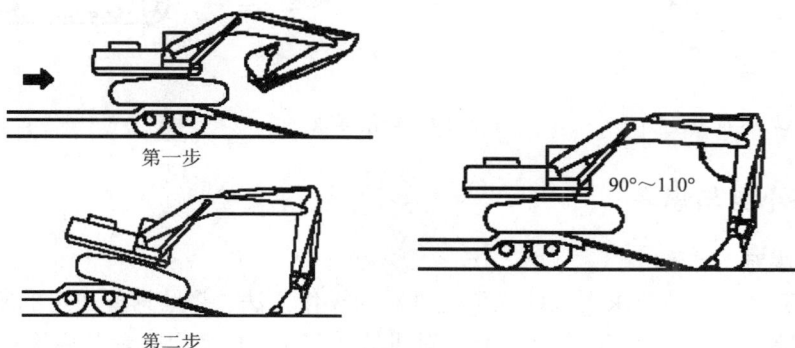

图 2-33　下车步骤和要求

5.机器吊运

（1）起吊钢索和其他起吊工具可能会断裂，导致人员受重伤。不要使用损坏或老化的钢索或起吊工具。

（2）关于正确的起吊方法，起吊钢索和起吊工具的种类、尺寸，务必与指定经销商或售后服务人员联系了解。

（3）将先导控制开关杆拉到锁定位置上，使机器在被吊起时不会意外地移动。

（4）不正确的起吊方法、不正确的钢索安装可能引起机器在被吊起时的移动，导致机器受损，人员受伤。

（5）严禁快速吊起机器。否则，起吊钢索和起吊工具将受载过度，可能导致断裂。

（6）严禁让任何人接近或走到吊起机器的下方。

（7）完全伸出斗杆和铲斗液压油缸。降下动臂，直到铲斗触到地面为止。

（8）将先导控制开关杆拉到锁住位置上。

（9）关闭发动机。从钥匙开关上取下钥匙。

（10）使用足够长的钢索和支撑杆，使其在起吊时不与机器相碰。根据需要在钢索、支撑杆上覆盖上一些保护材料，以免机器受损。

（11）将吊车驶到适当起吊位置。

（12）将钢索穿过两侧履带架下方。将钢索安装到吊车上（图2-34）。

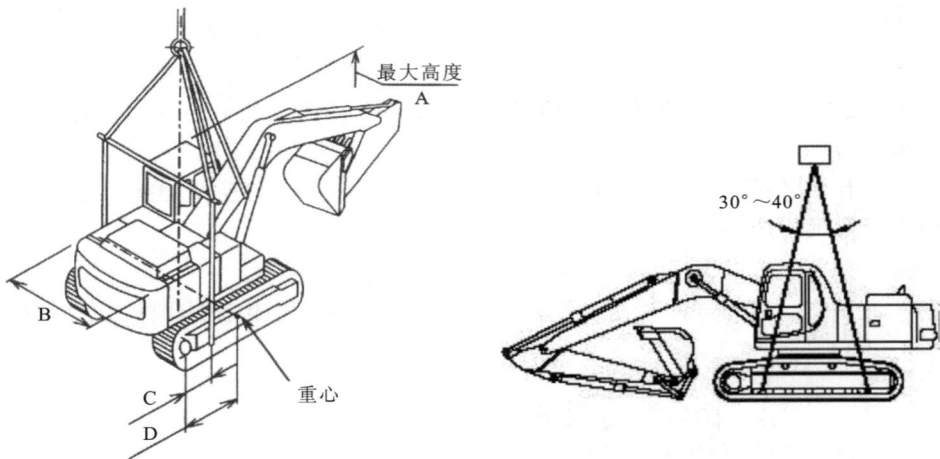

图 2-34　起吊要求

二、任务小结与思考

（一）任务小结

挖掘机施工操作章节要求大家熟练掌握机器的操作方法，并且具备一定的施工技能，在基本操作的基础上逐步学习实际施工方法，对机器的移动、停放、跑合及运输都有全面的了解，通过后期的训练能达到操作能手的目标。

（二）思考

挖掘机装满负载时能否长距离行走，会有何损伤？

项目三
挖掘机模拟操作

挖掘机模拟操作主要分为土方开挖及行走装车两项内容。土方开挖是学生第一步实施作业的开始，要求能运用施工操作技能并且具备良好的动作协调性。挖掘机复合动作的运用将从这里开始，行走装车结合了土方开挖和挖掘机行走两大操作，要求学生能熟练地配合使用，全面掌握挖掘机的操作技能。由于模拟操作不会带来安全问题，又能真实反映学生的操作技巧，因此模拟机的训练对于今后上机实操具有重大的意义。

【知识目标】

(1)掌握挖掘机的复合动作。

(2)掌握挖掘机操作手柄及行走装置的配合使用。

(3)掌握挖掘机基本施工技巧。

【技能目标】

(1)能熟练操作挖掘机复合动作。

(2)能熟练操作挖掘机进行施工。

任务一 挖掘机土方开挖

【知识目标】

掌握挖掘机各操作手柄的功能，并能进行复合操作；掌握土方挖掘的正确方法，提升施工操作技巧。

【技能目标】

用挖掘机进行正确的土方挖掘。

一、相关知识

(一)土方开挖方法

1.反铲开挖方法

(1)将铲斗齿放于地面上使铲斗底部与地面成45°(图3-1)。

(2)以斗杆作为主要挖掘力量往机器方向拉铲斗。

(3)当泥土黏附在铲斗上时，采用迅速前后移动斗杆和(或)铲斗的方法来甩掉泥土。

(4)挖掘直沟时，将履带平行于直沟放置。在挖掘到期望的深度后，根据需要，移动机器继续挖沟(图3-2)。

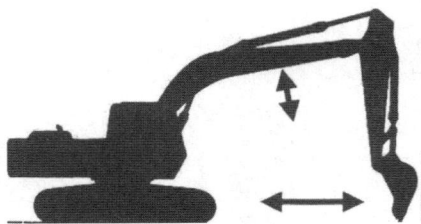

图3-1　反挖示意图　　　　图3-2　挖掘操作示意图

重点：

(1)降低动臂时，应避免突然停止。否则，产生的冲击载荷可能会损坏机器。

(2)操作斗杆时，应避免液压缸伸到底，以防止损坏液压缸。

(3)当以一个角度挖掘时，应避免铲斗齿撞击履带。

(4)挖掘深沟时，应避免动臂或铲斗液压缸软管与地面撞击。

2.平整操作

重点：

行走时不可用铲斗拉或推泥土。

当需要做修整工作时，选择正确的平整方式。将铲斗回转并置于斗杆的略前位置处。在缓慢地提升动臂的同时操作收回功能。一旦斗杆移动超过垂直位置，缓慢地降下动臂使铲斗维持水平的平面运动。同时操作动臂、斗杆和铲斗使平整操作变得更精确，避免不恰当的挖掘。不可把行走当作附加的挖掘力量，这样会导致机器严重损坏。不可提升机器后部以利用

44

机器的重量作为附加的挖掘力量,这会导致机器严重损坏(图3-3)。

(二)提高工效的技巧

挖掘时,不要让铲斗碰撞履带。尽量将机器停放在水平地面上。不要将铲斗当作锤子或打桩机用。不要试图通过回转动作来移动石块,破碎墙壁。

重点:

(1)为避免损坏液压缸,不要在铲斗油缸完全伸展(铲斗完全回收)时,用铲斗撞击地面,或用铲斗捣实。

(2)每次调整挖掘长度和深度,以使每次挖掘都能做到满载。

图3-3 挖掘操作错误示意图

(3)挖掘时满载将比部分装满铲斗的快速循环产量大。

(4)为了增加生产能力,满载是第一目标,其次才是速度。

(5)一旦沟壕被挖开,可以从土层下嵌入铲斗来挖出岩石,以每次提挖一层或两层的办法,先挖出顶部土层。

(6)不要让铲斗承受侧面负载。

例如:不用回转铲斗来平整物料或用铲斗从侧面撞击物体。

重点:不要试图完全伸出斗杆并抛下铲斗,用铲、斗齿穿透地面来挖出岩石。这种做法会导致机器的严重损坏。

二、任务小结与思考

(一)任务小结

土方开挖章节要求学生通过模拟机的操作训练掌握开挖方法,初步掌握挖掘机的复合动作操作方法,并具备一定的施工技巧。

(二)思考

铲斗油缸升出过长碰到硬物会损坏油封导致漏油,若不小心碰到硬物,应如何处理?

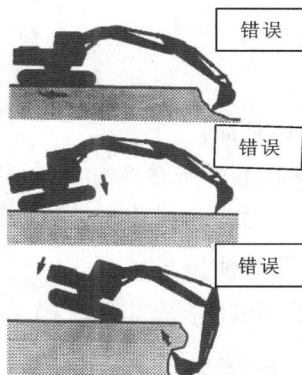

任务二　挖掘机行走装车

【知识目标】

掌握挖掘机所有操作手柄及行驶踏板的操作方法，在掌握了土方开挖的基础上结合行走装车操作，让学生初步具备独立施工的能力。

【技能目标】

用挖掘机进行行走装车操作。

一、相关知识

(一)装车的基本方法

在开始作业前检查场地：

(1)在可能掉落物体的场地进行作业时，务必安装上驾驶室护顶。

(2)如果需要在软地上作业，应事先充分强化地面。

(3)操作机器时，务必穿戴适于工作的紧身服和安全帽等安全用品。

(4)使作业和机器移动范围内的所有人员离开，清除所有障碍物。

(5)操作过程中时刻注意周围情况，在四周有障碍物的狭小范围作业时，不要让上部结构撞到障碍物。

(6)在为卡车车头装载时，应从卡车的后侧将铲斗提至卡车车头上方，不要将铲斗经过卡车驾驶室的上方或任何人的头顶(图3-4)。

(7)按照土方开挖的方法挖掘泥土，在确保安全的基础上将铲斗提升至车辆上部进行倾倒。

图3-4　装车示意图

(二)效率提升方法

(1)当铲斗缸和连杆、斗杆缸和斗杆之间互成90°时，挖掘力最大。

(2)铲斗斗齿和地面保持30°时，挖掘力最佳时即切土阻力最小时。

(3)动臂和铲斗能提高挖掘效率。

46

二、任务小结与思考

(一)任务小结

挖掘机模拟机行走装车操作要求学生在熟练土方开挖的基础上结合行走操作配合练习，以达到能够独立施工的目的。行走装车是挖掘机施工的基础，也是最多的工种项目，掌握行走装车的操作方法有着重大的意义。

(二)思考

请列举出装车作业中的注意事项。

项目四
挖掘机保养

为了保证正确操纵挖掘机，需要进行必要的日常维护与保养，并及时处理一些常见的故障。认识、熟悉挖掘机的结构，掌握挖掘机的保养理论，熟知保养技巧，才能够胜任保养维护的工作。知晓保养内容和规定，才能开展现场保养工作。

【知识目标】

（1）掌握保养理论；熟知保养内容；胜任保养工作。

（2）理解清洁、紧固、调整、润滑、更换的具体内涵，掌握实际操作内容。

【技能目标】

能进行机器的保养工作。

任务一 挖掘机清洁

【知识目标】

能理解清洁在保养工作中的意义。

【技能目标】

能进行各项清洁工作。

一、相关知识

(一)清理液压油箱排污管

绝对不可在液压油箱处于无油状态的情况下起动发动机。靠近时,应将上车回转90°,将机器停放在水平地上,将铲斗降到地面(图4-1)。关掉自动怠速开关,以低速空载速度空载运转发动机5 min。关闭发动机。从钥匙开关处取下钥匙。液压油箱是有压力的,因而须打开油箱盖钥匙,慢慢拧开油箱盖,释放压力后,小心地打开盖子。打开油箱盖钥匙,慢慢拧开油箱盖,释放压力。排除油箱盖上排污管口的沉积物,疏通排污管,排完水和沉积物后,盖好油箱盖并锁好开关(图4-2)。

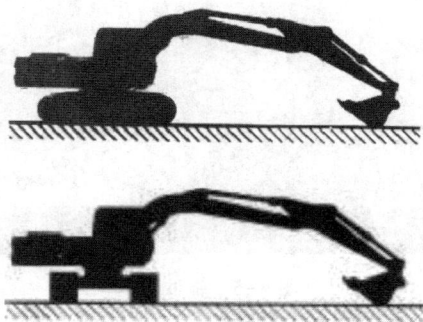

图4-1 保养时停机要求

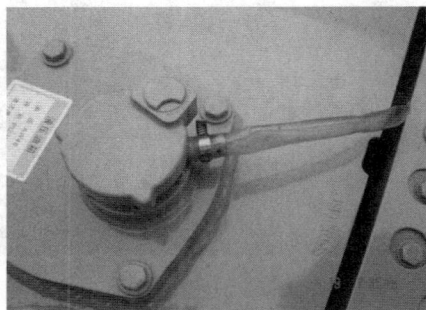

图4-2 清理液压油箱排污管

(二)排放燃油箱污物贮槽

为了容易接近,应将上车回转90°,将机器停放在平地上。将铲斗降至地面,关掉自动怠速开关,以低速空转速度空载运转发动机5 min。关闭发动机。从钥匙开关上取下钥匙。把先导控制开关杆拉至锁住的位置。打开排放阀阀门,排出水和沉积物。待排放干净后,关上排放阀阀门(图4-3)。

图4-3 排放燃油箱污物贮槽

(三)检查油水分离器

油水分离器(图4-4)可分离与燃油混合的水和沉积物。油水分离器里有一只当水蓄满时会升起的浮体。当油水分离器的集水杯里有水和沉积物时,请排放油水分离器。排放步骤如下:

(1)用手松开油水分离器的底部排放旋钮排水。

(2)排完水之后,用手拧紧排放旋钮,保证不漏油和漏气。

注意事项:

(1)排水后,确保从燃油系统中排出空气,以免影响发动机的正常起动。

(2)排放旋钮被设计成反螺纹,请按标识方向操作;应用手操作,不要用虎钳和扳手,以免损坏排水螺丝。

(四)清洗输油泵过滤器

拆下输油泵(图4-5)入口软管的连接螺栓,用螺丝起子拧出,连接螺栓(图4-6),取出空气过滤器(图4-7)。用柴油清洗空气过滤器,再拧入连接螺栓并拧紧。最后从燃油系统中排出空气。

图4-4　油水分离器

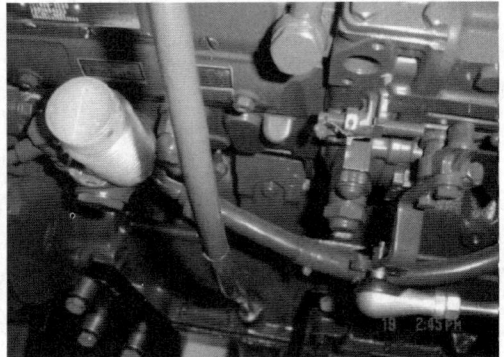

图4-5　输油泵

图4-6　连接螺栓(空心螺栓)

图4-7　空气过滤器

(五)清扫空气滤清器外滤芯

将机器停放在平地上,将铲斗降至地面。关掉自动怠速开关,以低速空转速度空载运转发动机 5 min。关闭发动机,取下钥匙。把先导控制开关杆拉至锁住的位置。松开端盖的固定螺丝,取下端盖。松开外滤芯的固定螺栓,拆下外滤芯,用手轻轻地拍打外滤芯,切不可在硬物上敲打(图 4-8)。减小压缩空气的压力(小于 2 MPa)。清理周边人员,谨防飞扬的碎片,穿戴上个人保护器具,如护目镜或者安全眼镜。用压缩空气清扫外部。

滤芯从外滤芯往外吹气。在装上外滤芯之前,清扫滤清器内部。装上外滤芯前一定要将端盖的密封橡胶和滤清器结合紧密。

清洗注意事项:

(1)清理后装上端盖和排尘口,拧紧端盖固定螺丝。

(2)起动发动机并以低速空载运转。

(3)检查各指示灯及报警器,如有异常立即停止发动机。并检查原因,如果是滤清器出现问题,应更换外滤芯。

(4)更换空气滤清器的滤芯时,须将外滤芯和内滤芯这两个滤芯一起更换。拆下外滤芯之前,清扫滤清器内部(图 4-9)。

(5)拆下内滤芯更换时应首先装上内滤芯,然后装上外滤芯。

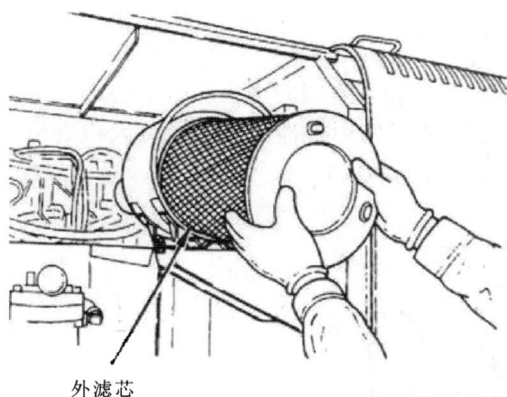

图 4-8 拆卸滤芯

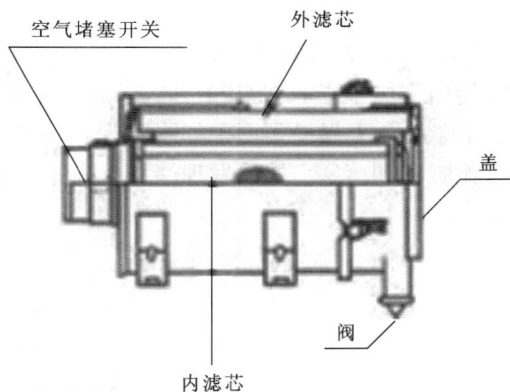

图 4-9 空滤结构

(六)清洗散热器内部

发动机冷却之前,不可松开散热器的盖子。待发动机冷却后,缓慢地将盖子旋开,在移去盖子之前释放全部压力。

(1)如图 4-10,移去散热器盖子,打开散热器和发动机上的排放螺塞①和②,排尽冷却水。

(2)关上排放螺塞①和②,给散热器装进自来水和散热器清洁剂。起动发动机并以略高于低速空转的速度运转。当温度表的指针达到绿色区域时,继续运转发动机持续大约 15 min。

（3）关闭发动机并打开散热器的排放螺塞①，用自来水冲洗冷却系统，直到排出的水干净为止。这样做能去除锈蚀和沉积物。

（4）关上排放螺塞①，以规定的混合比例给散热器装进冷却水和防锈剂或者抗冻剂。为避免气泡混入系统，应缓慢地添加冷却水。

（5）让发动机运转以充分排出冷却系统中的空气。

（6）在加完冷却水之后，让发动机运转几分钟。然后再次检查冷却水水位。根据需要，可再加入冷却水(图4-10)。

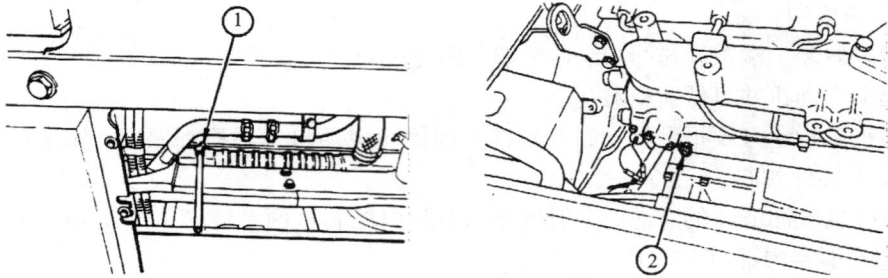

图4-10　清洗散热器内部

①、②—排放螺塞

（七）清扫空调机冷凝器

使用低压小于0.2 MPa(2 kgf/cm²)的压缩空气进行清扫，清理周边人员，小心碎片的飞出，并穿戴个人保护器具，如眼睛保护用具。在多尘环境下使用机器时，必须每天检查网罩上有无脏物和堵塞，如果发现堵塞，需拆下清扫后装上(图4-11)。

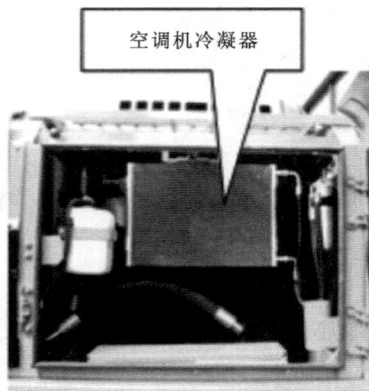

空调机冷凝器

图4-11　清扫空调冷凝器

清扫步骤：

（1）打开散热器检修门和罩盖。

（2）清扫空调机冷凝器。

(3)拆下油冷却器的前部网罩并清扫。

(4)用低压小于 0.2 MPa(2 kgf/cm²)的压缩空气或水来扫或清洗散热器和油冷却器。

(八)清扫和更换空调机过滤器

使用低压(小于 0.2 MPa)的压缩空气进行清扫。清理周围人员,小心碎片的飞出,并穿戴个人保护器具,如眼睛保护用具。拆下驾驶室后面的后盖,将空调机两边的过滤器拆下,清扫过滤器后重新装回或装上新的过滤器(图 4-12)。

图 4-12 清扫和更换空调机过滤器

二、任务小结与思考

(一)小结

清洁是保证机器正常工作的重要基础,必须按时进行检查,才能保证机器的正常工作。通过学习这方面的知识,贯彻落实重要原则,时刻注意设备的使用环境。通过对这些细节的把握,才能使机器更好地工作。

(二)思考题

列出定期需要清洁的项目。

任务二　挖掘机部件紧固

紧固是指机器在运行一段时间后，有些部位的紧固件会出现松动，影响机器的使用，因而在保养中必须定期对一些关键的紧固件进行检查或紧固。紧固件松动会产生一些异常的声音，因此设备使用人员和维护保养人员必须详细观察。如果不及时紧固，会影响设备的使用，造成丢失，甚至会造成事故。

【知识目标】
熟知挖掘机关键紧固件的部位。

【技能目标】
掌握挖掘机关键紧固件的检查和紧固方法。

一、相关知识

(一) 检查螺栓和螺母的紧固扭矩
如果有松弛，请紧固至所示的扭矩，并用同等级或更高级的螺栓和螺母进行更换。使用扭矩扳手来检查或紧固螺栓和螺母扭矩规格 (表 4-1、表 4-2)。

表 4-1　紧固扭矩技术规格

公制螺母和螺栓			
螺纹尺寸	标准紧固扭矩值/(N·m)	螺纹尺寸	标准紧固扭矩值/(N·m)
M6	12±3	M14	160±30
M8	28±7	M16	240±40
M10	55±10	M20	460±60
M12	100±20	M30	1600±200

表 4-2　主要部件上螺栓的紧固扭矩值表

螺栓尺寸	推荐的紧固扭矩值/(N·m)
M16 行走马达固定螺栓	252±39.2
M16 驱动轮固定螺栓	252±39.2
M20 回转支承固定螺栓	570±60
M20 回转机构固定螺栓	570±60
M24 托带轮固定螺栓	710±60
M30 配重固定螺栓	1600±200

（二）检查铲斗齿

检查铲斗齿的磨损和松动情况，如果铲斗齿的磨损度超过以下所示的设计使用限度，应更换斗齿（表 4-3、图 4-13）。

表 4-3　A 的尺寸 mm

新	使用限度
200	95

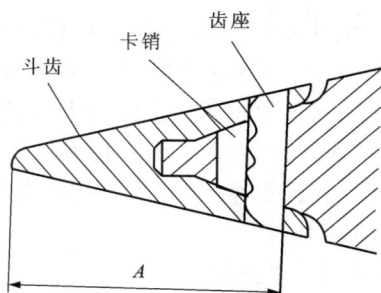

图 4-13　斗齿磨损尺寸示意

（三）紧固电瓶接头夹子

为避免蓄电池放电，应始终保持位于蓄电池顶部的端子和放气孔塞的清洁。定时检查蓄电池端子的松弛和锈蚀程度，给端子涂上凡士林以避免腐蚀。

二、任务小结与思考

（一）小结

紧固件在使用中有时会松动，个别会发生断裂，必须及时发现解决问题，否则会造成丢失，甚至造成事故，因而必须引起重视。电瓶夹子如果松动，会影响起动甚至打火，引起事故，必须注意。紧固件的紧固力矩应位于一定范围内，汽缸螺栓紧固时也应遵循紧固顺序的要求，这些都是在保养中必须注意的。

（二）思考题

1. 电瓶夹子可以涂抹什么？
2. 汽缸螺栓的紧固顺序是什么？

任务三　挖掘机部件调整

【知识目标】

在使用过程中会根据需要对挖掘机部件进行正确的调整。

【技能目标】

一、相关知识

(一)检查和调整风扇皮带张力

风扇皮带松弛有可能造成蓄电池充电不足、发动机过热以及快速异常的皮带磨损。皮带过紧又会使轴承和皮带都受到损坏。因而需定期检查风扇皮带,首先是目视检查皮带的磨损状况。如需更换,则用拇指按压风扇皮带轮和交流电机皮带轮之间皮带的中点来检查风扇皮带的张力。当按下的压力大约 98 N(10 kgf)时,挠度必须是在 A 范围内 9~12 mm。如果张力不在规定范围之内,则松开调整盘和托架螺栓,调节张紧螺栓使皮带扰度在 A 范围以内。

拧紧调整盘和托架螺栓(图 4-14)。

注:装上新皮带后,确保以低速空载速度操作发动机 3~5 min 之后再次调整张力,以保证新皮带正确就位。

(二)调整铲斗的连接

机器上有一个消除连接间隙的铲斗调整系统。当连接间隙过大时,应采用图 4-15 (b)所述方法拆去或装上填隙片:

(1)将机器停放在平地上。使平面一侧朝下将铲斗降至地面以避免铲斗滚动。

(2)以低速运转发动机。将地面上的铲斗固定,按逆时针方向缓慢地旋转上车直到铲斗左侧内端与斗杆左侧端面紧密接触为止。

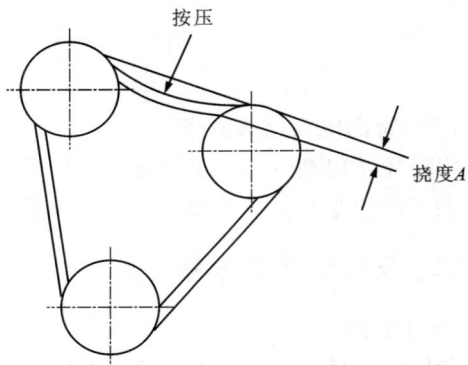

图 4-14　风扇皮带松紧示意图

(3)关闭发动机。把先导控制开关杆拉至销钉位置。(拆除填隙片时不需取下螺栓①。填隙片为足拼合型,螺栓①松开后便能用螺丝刀容易地将其推出。)

(4)使用 22 mm 扳手松开 3 个(m14)螺栓①,推出压板③和铲斗之间的间隙片 c 内的全部填隙片②。

(5)将螺栓①推向斗杆一侧,消除斗杆和凸盘④之间的全部间隙 a,增加间隙 b。用测隙规测量间隙 b。此距离不应被调整至 0.5 mm 以下。

(6)在间隙 b 内尽可能多地填上填隙片②。(必须把剩下的填隙片②装在间隙 c 内,以免损坏斗杆尾端或螺栓。)

(7)在间隙 c 内装上剩下的填隙片②,并拧紧螺栓①至 137 N·m(14 kgf),使用填隙片②总数是 a,$a=12$ 片(6 对)。

（8）如果测量值 d 在 5 mm 以下，应更换凸盘④。

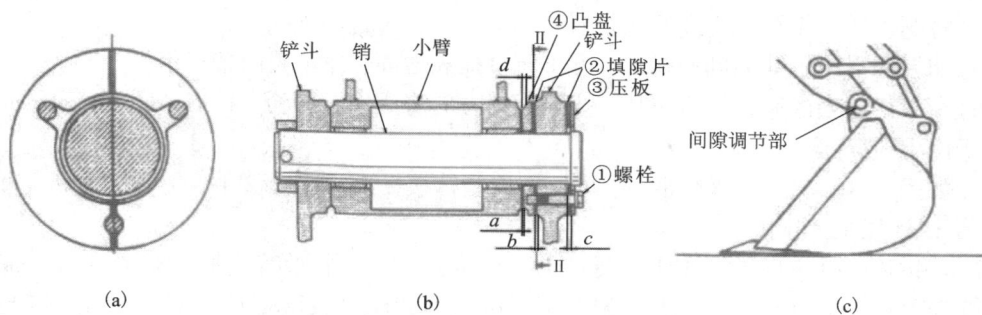

图 4-15　调整铲斗的连接

（三）调节履带下垂量

1. 调节履带下垂量的注意事项

（1）如果下垂量不在规定值以内，可根据下页中所述的步骤来调松或者调紧履带。

（2）在调节履带的下垂量时，要把铲斗降至地面，将一侧履带顶起。对另一侧履带也应用同样的方法。为支撑机器，每次都必须在车架下部放入垫块。

（3）调整好两侧履带的下垂量后，前后移动几次机器。

（4）再次检查履带的下垂量，如果履带下垂量还没有达到规定标准，应继续调节，直至获得正确下垂量为止。

2. 调松履带

（1）如图 4-16（d），不要过快或过多地松开阀①，否则，履带张紧会使油缸中的润滑脂喷出。应谨慎地将阀①松开，切忌将身体和脸部对着阀①。

（2）如果链轮与链轨之间夹有碎石或泥土，应在调松履带前将其清除。

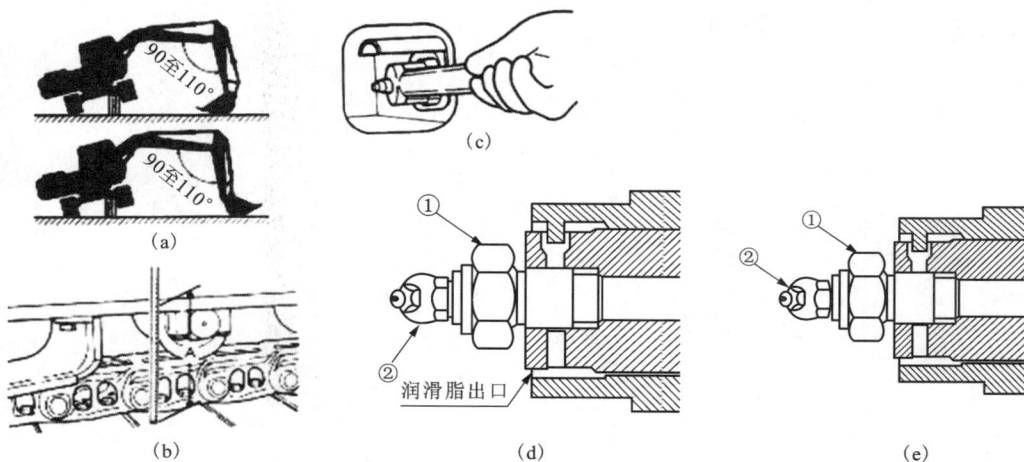

图 4-16　调整履带下垂量[（c）（d）（e）为黄油缸润滑脂嘴示意]

（3）调松履带时，应用 24 寸长套筒扳手按逆时针方向缓慢旋转阀①，使润滑脂从润滑脂出口排出。

（4）将阀①转开 1 至 1.5 圈便放松履带。

（5）如果润滑脂不能顺利地排出，可将履带提离地面，并缓慢回转履带。

（6）在获得适当的履带下垂量后，按顺时针方向将阀①拧紧至 147 N·m（15 kgf·m）。

3. 调紧履带

（1）如图 4-16（e），调紧履带时，可将润滑脂枪接在润滑脂嘴②上，加入润滑脂，直到履带下垂量达到规定为止。

（2）若按逆时针方向转开阀①后履带仍然过紧，或往润滑脂嘴②加入润滑脂后履带仍然过松，这都属于不正常的现象。此时绝对不可试图拆卸履带或履带调节器，因为履带调节器内的高压润滑脂会带来危险。

4. 张紧装置保养

挖掘机每工作半年或 1000 h，需要将张紧油缸内的黄油释放，使油缸缩回约 5 cm，再重新张紧履带至正常位置，如此反复 3 次。

5. 柴油机供油时间的调整

6. 液压泵功率调整

7. 压力阀调整

二、任务小结与思考

（一）任务小结

调整是指主动根据设备使用情况，对设备进行针对性调整。除此之外还有针对液压系统和柴油机供油系统的调整，这些都需要专门的仪器和专家进行调整，切记不可擅自调动，以免引起设备的不正常使用。

（二）思考题

（1）发电机皮带如何调整？

（2）液压泵的功率是多少？

任务四 挖掘机活动部件润滑

【知识目标】

明白润滑的意义，能针对设备的使用情况进行润滑。

【技能目标】

会对设备进行润滑保养。

一、相关知识

（一）回转支承内啮合齿轮

给回转支承内啮合齿轮和回转上车添加或更换润滑脂的任务必须一个人去做。在开始工作之前，周围所有人员离开现场。离开驾驶室时首先将铲斗降至地面，然后关掉发动机，最后把先导控制开关杆拉到锁住位置。具体步骤如下：

（1）将机器停放在平地上。

（2）将铲斗降至地面。

（3）关掉自动怠速开关。

（4）以低速空载速度空载运转发动机 5 min。

（5）将钥匙开关转到关，并取下钥匙。

（6）将先导控制开关杆拉至锁住的位置。

（7）打开上车的工具箱盖并移开盖板（图 4-17）。

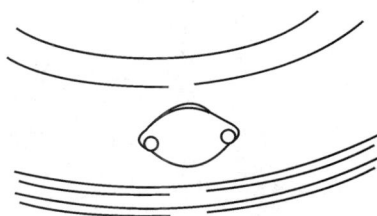

图 4-17 移开盖板

（8）润滑脂必须存放于回转支承所有内啮合齿轮的齿顶，并且没有被污染。

（9）如果需要，可加入大约 0.5 kg 的润滑脂。

（10）如果润滑脂已被污染，应除去污染的润滑脂，再换上清洁的润滑脂（图 4-18）。

（11）装上盖板。

（12）如果在润滑脂中发现水或泥，应立即更换内啮合齿轮中所有的润滑脂。

（13）从回转齿轮室底移开位于中央回转接头附近的盖板。

（14）润滑脂容量：15 kg。

图 4-18 回转支承润滑

（二）工作装置连接销的润滑保养

（1）铲斗和连杆接销。

（2）动臂基部。

（3）动臂油缸底部。

（4）动臂和斗杆的连接销\斗杆油缸活塞连接销和铲斗油缸底销。

（5）动臂油缸活塞杆连接销和斗杆油缸底销（图 4-19）。

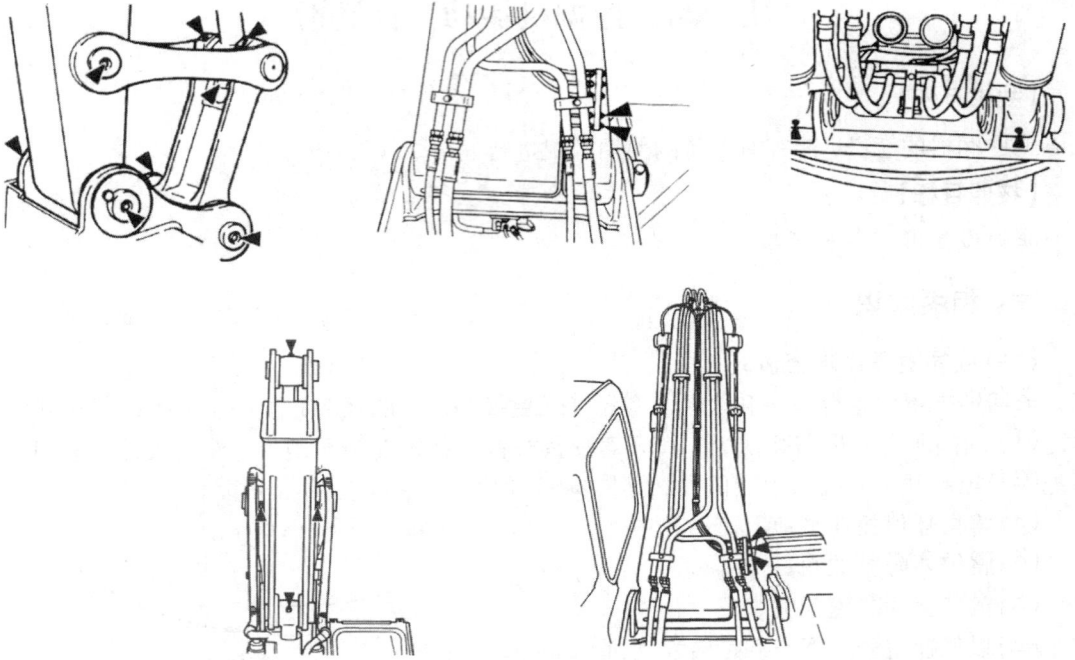

图 4-19 工作装置连接销润滑点（箭头所指处）

二、任务小结与思考

(一)任务小结

工程机械的使用环境恶劣，润滑是设备能够正常使用的关键，因此使用者和维护者必须全力做好。

润滑还需根据使用情况的变化，进行相应调整。做好润滑有利于提高设备使用效率。

(二)思考

润滑脂有哪几种？冬季和夏季分别使用哪种型号的？

任务五 挖掘机易损件更换

【知识目标】

掌握设备保养标准和保养办法。

【技能目标】

能承担设备消耗件的更换工作。

一、相关知识

(一)正确的保养和检查

学会正确保养机器,每天在起动前进行相关检查。

(1)检查控制器和仪表。

(2)检查冷却水、燃油和液压油的液位。

(3)检查软管和管路的泄漏、扭结、磨损情况。

(4)围绕机器对一般现象、噪声、热量等做巡回检查。

(5)检查零件的松弛或遗失。

重点:经常检查计时表

用计时表(图4-20)来决定何时需要定期保养。定期保养表上的间隔时间是按照正常工况下的操作而定,在恶劣工况下操作机器时,应缩短保养时间的间隔进行润滑保养检查和调整。

(二)定期更换

为保证操作安全,需对机器进行定期检查。如果表4-4中的零件存在问题,将对安全造成严重的危害并有可能引起火灾。仅靠目视检查来估计零件磨损、老化或强度降低的程度是困难的。因此,须按

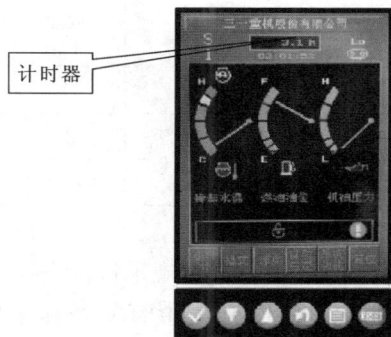

图4-20 计时表

表4-5中所示的时间间隔更换这些零件。但是,如果在检查时发现这些零件中的任何一个存在问题,则应在开始操作前进行更换,而不需考虑更换间隔。在更换软管的同时,应根据其接头的变形、裂纹或损坏情况进行更换。应对所有的软管进行定期检查,并根据需要更换或紧固任何被发现的不良部分。

表 4-4　软管定期检查表

部位		定期更换的零件
发动机		燃料软管(从燃油油箱到过滤器)
		燃料软管(从燃油油箱到喷射泵)
		加热器软管(从加热器到发动机)
液压系统	主机	橡胶吸油软管
		泵输出软管
		回转软管
		先导软管
	工作装置	动臂油缸软管
		斗杆油缸软管
		铲斗油缸软管

表 4-5　发动机机油

零部件		数量	时间间隔/h						
			8	50	100	250	500	1000	2000
1. 发动机机油油位	检查	1	√			√			
2. 发动机机油	更换	22 L				√			
3. 发动机机油过滤器	更换	1 个					√		

推荐发动机机油：根据规定机油更换期间的气温范围，选择油的黏度：

API CD 级，SAE15 或同级(夏季和冬季)；

高温地区，SAE40 或同级；

低温地区，SAE10W 或同级。

1. 发动机油油位

为了获得正确的读数，每天在起动发动机前要检查油位，所以务必将机器停在水地上。

(1)取出油尺(图 4-21)，用清洁的布擦净油尺上的油垢，再重新插入尺。

(2)再取出油尺，油位必须在刻线标记之间。

(3)如果需要，可通过加油口加油以确保只使用推荐的油。

图 4-21　发动机机油尺

注：刚关机后便检查油位会产生不正确的数字，检查之前务必让油至少有 10 min 的静置时间。

2.更换发动机油

3.更换发动机油滤清器

（1）以低速空载速度空载运转发动机 5 min。

（2）将钥匙开关转到关，并取下钥匙。

（3）将先导控制开关拉至锁住位置。

（4）取下排放塞，让油通过清洁的布流入 50 L 的容器内（图 4-22）。

（5）排完油后，检查布上是否留有金属碎屑等异物。

（6）装上并拧紧排放塞。

（7）松开排放塞，使油从过滤器筒体流至一容器内。

（8）用过滤器扳手按逆时针方向扭转拆下发动机油主过滤器和旁通过滤器的筒体。

（9）清扫发动机与过滤器垫片的接触面。

（10）在新过滤器的垫片上薄涂一层清洁的油。

（11）装上新过滤器后，用手按顺时针方向扭转过滤器盒直到垫片接触到接触面。确保在安装过滤器时不损坏垫片（图 4-24）。

（12）用过滤器扳手把发动机油主过滤器多拧 3/4 圈到 1 圈。用过滤器扳手把发动机油旁通过滤器多拧 1 至 1/8 圈。注意不可过度拧紧。

（13）打开油过滤器盖子，给发动机加入推荐的油。15 min 后检查油位是否位于油尺的圆圈刻线标记之间。发动机油容量：22 L。

（14）装上加油口盖。

（15）起动发动机，以低速空载运转发动机 5 min。

（16）检查监视器盘上的发动机油压力指示灯是否立刻熄灭。如果不是，立刻关闭发动机并查找原因。

（17）关闭发动机，从钥匙开关中取下钥匙。

（18）检查排放塞是否有任何渗漏。

（19）检查油尺上的油位。

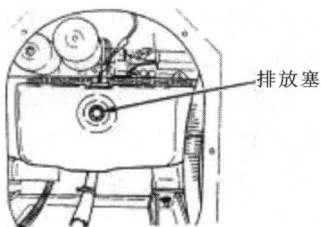

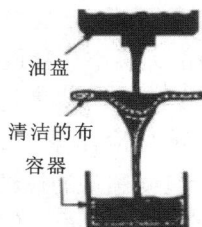

图 4-22 放机油处　　图 4-23 放机油的方法　　图 4-24 机油滤芯

（三）减速机

1.回转部分

（1）检查油位。

1）以低速空载速度空载运转发动机 5 min。

2）关闭发动机，从钥匙开关上取下钥匙。

3）把先导控制开关杆拉至锁住的位置。

4）静置 10 min 后，取出油尺。油位必须位于标记之间（图 4-25）。

5）如果需要，取下加油口盖，加入齿轮油。

6）再检查油位（图 4-26）。

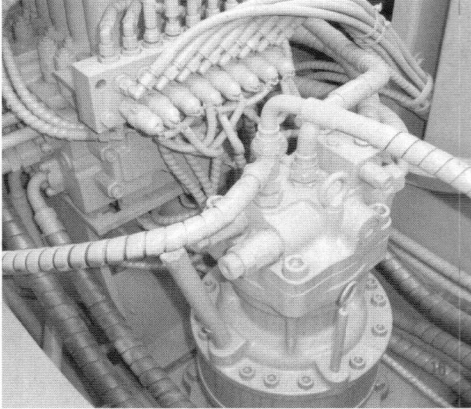

图 4-25　回转减速机

正常油位在此标记

图 4-26　油尺刻度

（2）更换齿轮油。

齿轮油可能很烫，应等到齿轮油冷却后，再开始工作。取下排放管端部的排放塞以排去油，之后再重新装上排放塞。然后取下加油盖，加入齿轮油，直到油位位于油尺上的标记之间为止，再重新装上加油口盖。

2. 行走部分

（1）检查油位。

将机器停放在水平地上。旋转行走马达，如图 4-28 直到螺塞①和螺塞③的连线转至垂直位置上为止。然后将铲斗降至地面，关掉自动怠速开关。以低速空载速度空载运转发动机 5 min，然后关闭发动机。从钥匙开关下取下钥匙，将先导控制开关杆拉至锁住的位置。静止 10 min 后检查油位，切记保持身体和脸部远离空气释放螺塞。齿轮油是烫的，须等到齿轮油玲却后，才缓慢地松开空气释放螺塞释放压力。待齿轮油冷却后，缓慢地松开空气释放螺塞①来释放压力。移去空气释放螺塞①和油位检查螺塞②，油必须到孔底。如果需要，将油加至溢出油位检查螺塞孔为止。用密封带包缠螺塞的螺纹，装入螺塞①和③，拧紧螺塞①和③至 49 N·m。之后检查另一个行走减速装置的齿轮油位。

（2）更换齿轮油。

以低速空载速度空载运转发动机 5 min。关闭发动机，从钥匙开关处取下钥匙。将先导控制开关杆拉至锁住的位置。静止 10 min 后检查油位。保持身体和脸部远离空气释放螺塞。齿轮油是烫的，须等到齿轮油玲却后，才缓慢地松开空气释放螺塞释放压力。待齿轮油冷却后，缓慢地松开空气释放螺塞①来释放压力，然后暂时装上螺塞①，移去排放螺塞③和螺塞

64

①排油，清洗排放螺塞，用密封带包缠螺塞的螺纹。之后装上螺塞，拧紧螺塞至49 N·m，移去油位检查螺塞②，将油加到油溢出油位检查螺塞孔为止(图4-27)。如图4-28，清洗螺塞①和②，用密封带包缠油位检查螺塞②和空气释放螺塞①，然后装上螺塞，拧紧螺塞至49 N·m，对另一个行走减速装置重复此步骤。

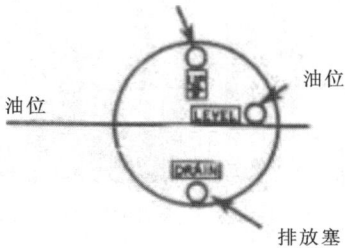

图4-27　行走减速机油位标志

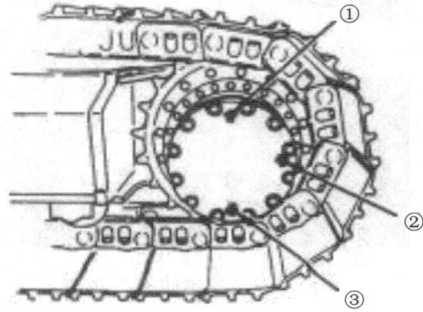

图4-28　行走减速机放油螺堵

(四)液压装置的检查和保养

　　在操作过程中，液压系统的部件会变得很热，因此在开始检查或保养前须让机器冷却。保养液压装置时，应确保将机器停放在水平坚硬的地面上。将铲斗降至地面，关掉发动机。在部件、液压油和润滑油完全冷却之后才开始保养液压装置，因为在完成操作后不久，液压装置中还残留有余热和余压。应排放液压油箱内的空气以释放内压，让机器冷却。检查和保养高温、高压液压部件有可能引起高温零件、液压油的突然飞出、喷出，导致人员受伤。因此在拆卸螺塞或螺母时，不要将身体和脸对着它们。液压部件即使在冷却后仍可能具有压力，绝对不要试图在斜坡上保养或检查行走和回转马达回路，它们会因自重而具有高压。当连接液压软管和管子时，要特别注意保持密封面无污物并避免损坏它们。实际操作中须牢记以下注意事项：

　　a.连接用清洁液洗涤过的软管、管路各油箱内部时，须把它们彻底擦干。b.应使用无损坏或缺陷的O形圈，在组装中小心不要损坏它们。c.连接高压软管时，不可使高压软管扭曲。被扭曲软管的寿命会大大缩短。d.谨慎拧紧低压软管夹子，不可过度拧紧它们。e.加液压油时，必须使用同一牌号的油，不可混合使用不同牌号的油。因为机器在出厂时，已被加油，所以请使用推荐中的油品。f.一定要一次更换系统内所有的油。不可使用在推荐液压油的牌号名称表中没有提及的液压油。g.不可在液压油处于无油状态时起动发动机。

　　1.检查液压油油位

　　禁止在液压油箱处于无油状态时起动发动机，应将机器停放在水平地上，以斗杆油缸完全缩回和铲斗油缸完全伸出状态来定位机器。将铲斗降至地面后，关掉自动怠速开关。以低速空载速度空载运转发动机5 min。关闭发动机后，从钥匙开关处取下钥匙。把先导控制开关杆拉至锁住位置。打开右侧检修门，检查液压油箱上的油位计(图4-29)。油位必须位于油位计的标记之间，否则需加注/排放液压油。液压油箱含有压力，须打开油箱盖钥匙，慢慢拧开油箱盖，待释放压力后，再小心地打开盖子加油。然后拧开油箱盖钥匙，慢慢拧开油箱盖，释放压力。打开油箱盖加油，并再次检查油位计。最后盖好油箱盖并锁上钥匙(图4-30)。

图4-29 液压油标尺

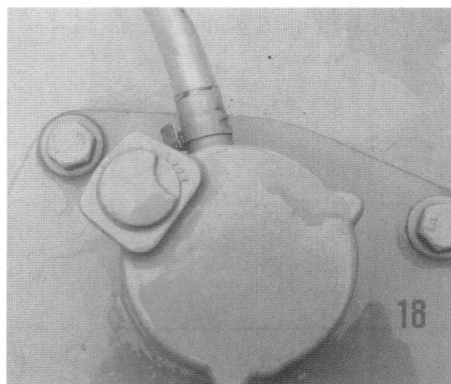

图4-30 液压油加油盖

2.更换液压油

3.更换液压油吸油滤芯

液压油可能很烫，因此要等油冷却后方可以开始工作。为容易接近，应将上车回转90°，将机器停放在水平地上，以斗杆油缸完全缩回和铲斗油缸完全伸出状态来定位机器。然后将铲斗降至地面，关掉自动怠速开关，以低速空载速度空载运转发动机5 min。然后关闭发动机，从钥匙开关处取下钥匙。将先导控制开关杆拉至锁住的位置，清液压油箱顶部以免污物侵入系统。液压油箱含有压力，因此须打开油箱盖钥匙，慢慢地拧开油箱盖，释放压力后，再小心地打开盖子。拧开油箱盖钥匙，慢慢拧开油箱盖，释放压力。松开并取下液压油吸油滤芯箱盖(图4-31)。如图4-32，拧松并取下液压油箱底部的排放螺塞，让油箱内的液压油排出，最后取出吸油过滤器和悬杆组件。

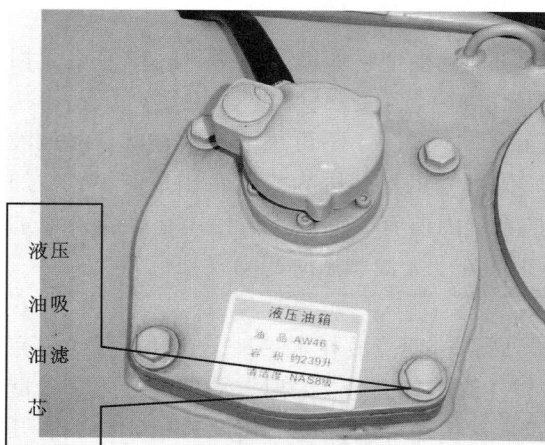

图4-31 吸油滤芯位置示意

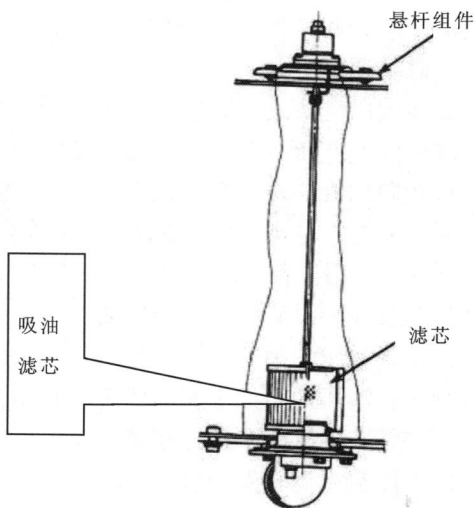

图4-32 吸油滤芯

清洗过滤器和箱内部时，如果需更换新的吸油滤芯，应如图所示将新过滤器装在悬杆上。扭紧螺母到 14.5 至 19.5 N·m。用吸油泵从油箱盖口吸出油箱底部的剩油。液压油箱大约是 239 L，安装过滤器和悬杆组件时，应确保过滤器被正确地定位在出口上。然后清扫、装上并扭紧油箱底排放螺塞，将油加至其油位到达油位计的标记之间。之后装上吸油滤芯箱盖 1，确保过滤器和悬杆组件在正确的位置上。扭紧螺栓至 49 N·m。如果在液压泵无油时起动发动机，会损坏液压泵，因此应拧紧油箱盖，锁上油箱盖钥匙。然后以低速空载运转发动机，并且缓慢、平稳地操作控制杆 15 min，以清除液压系统中的空气。注意，先导回路中设有排气装置。因此，在完成该步操作后，先导回路中的空气会被清除。以斗杆油缸完全缩回和铲斗油缸完全伸出的状态定位机器，待铲斗降至地面后，关掉自动怠速开关。最后关掉发动机，从钥匙开关处取下钥匙。

将先导控制开关杆拉至锁住位置，检查液压油箱中的油位计。如果需要，打开油箱盖进行加油。

4.更换液压油箱回油滤芯

以低速空载速度空载运转发动机 5 min 后，关闭发动机，从钥匙开关处取下钥匙。把先导控制开关杆拉至锁住的位置。液压油箱具有压力，须打开油箱盖钥匙，慢慢地拧开油箱盖，释放压力后(图 4-33)，松开液压油回油滤芯箱盖。在箱盖底有弹簧张力，当移去其最后两个螺栓时，须按住箱盖。当移去最后两个螺栓 1 时，为克服轻弹簧载荷须按住过滤器盖子 2。之后打开过滤器盖子 3，移出弹簧 4 和滤芯 6。检查过滤罐底部是否有金属粒和碎屑，如有过量的青铜和钢的颗粒物，则表示液压泵、马达、阀已损坏或将要损坏；如有橡皮类碎屑则表示液压缸密封损坏。废弃滤芯，装上新滤芯和弹簧。最后装上回油滤芯箱盖并拧紧螺栓 1 至 49 N·m。

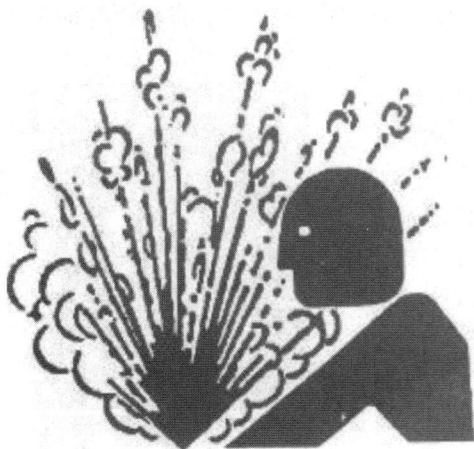

图 4-33　必须先释放油箱压力

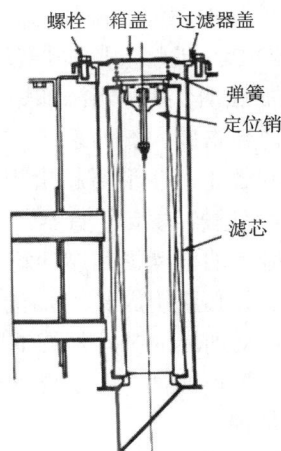

图 4-34　回油滤芯

5.更换先导滤芯

以低速空载速度空载运转发动机 5 min。关闭发动机，从钥匙开关处取下钥匙。把先导控制开关杆拉至锁住的位置。液压油箱含有压力，因此须打开油箱盖钥匙，慢慢地拧开油箱盖，释放压力后，再小心地打开盖子。用扳手按逆时针方向转动，把滤油器壳体从滤芯座上拆下。

拧下先导滤芯(图 4-35)。如图 4-36，清洗滤油器盖子 1 和滤芯接触的区域。清扫滤油器壳体 4，把新的先导滤芯拧至滤芯器座上固定好。按顺时针方向转动，把滤油器壳体 4 装到滤油器座上，将壳体紧固。

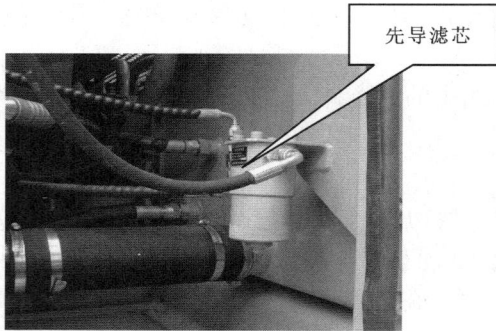

图 4-35 先导滤芯位置

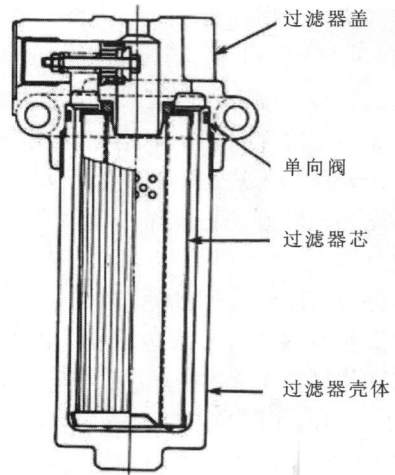

图 4-36 先导滤芯结构

(五)柴油机系统

只使用高品质的柴油(还应根据不同的环境温度选用与之相适应的牌号的燃油)，不可使用煤油。谨慎处理燃油。添加燃油之前，须关闭发动机。在给燃油箱加燃油或当燃油系统处于工作状态时禁止抽烟。监视器盘上的燃油表(图 4-37)若显示需要添加燃油，则适当添加燃油。须防止一切脏物、灰尘、水或其他异物侵入燃油系统，在给油箱加油时，确保不将燃油溅到机器上，并不要超出规定量，燃油箱容量为 340 L，当燃油量超过燃油箱过滤器，请停止加油。务必固定好燃油枪嘴，避免油枪嘴损坏燃油箱过滤器。把加油盖重新装到加油口上，务必用钥匙锁上加油盖(图 4-38)，以防遗失或破坏。用自动加燃油装置加燃油时应注意：绝对不要忘记打开加油盖。防止加油过量，燃油量超过燃油箱过滤器时，请立即停止加油。

1.排出燃油系统中的空气

燃油系统里的空气会造成发动机起动困难或异常运转，在排放了油水分离器中的水和沉积物，进行了燃油过滤器的更换、输油泵过滤器的清洗或让燃油箱干燥之后，还必须确

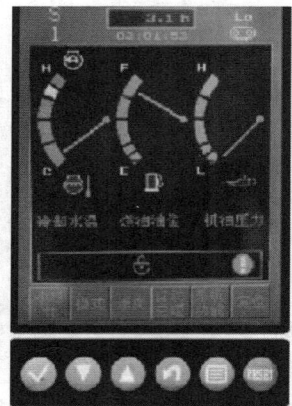

图 4-37 柴油表

保放出了燃油系统中的空气，确认已经拧紧油水分离器(图 4-39)的排放旋钮。如果排放旋钮没有拧紧，燃油系统中的空气将不会被排尽。此时应松开燃油精滤器上的排放螺丝，松开

燃油手动输油泵(图4-40)的手轮,并上下移动活塞,直到输油管路中空气被排尽为止。然后拧紧燃油过滤器上的排放螺母,推下燃油输油泵的手轮并拧紧。起动发动机并以低速空载运转。在右边的控制杆上挂上"禁止操作"标牌。将先导控制开关拉到锁住位置。检查燃油系统有无渗漏。

燃油箱盖

18 3:46PM

图4-38 加油盖

油水分离器在车上的实际位置

图4-39 油水分离器

2. 更换燃油精滤器

为了安全和保护环境,在排出燃油时应使用适当的容器。不可将燃油倒在地上、水沟,或者倒进河流、池塘或湖泊中,而应适当地处理废燃油。用滤芯扳手拆下筒式燃油精滤器,在新筒式过滤器的垫片上薄涂一层清洁的油。以手转动过滤器,直到垫片碰至密封面为止。使用过滤器扳手,再多旋转大约2/3圈并拧紧筒式过滤器,但不可过度拧紧筒式过滤器。更换筒式过滤器之后,从燃油系统中排出空气(图4-41)。

手动输油泵

图4-40 手动输油泵

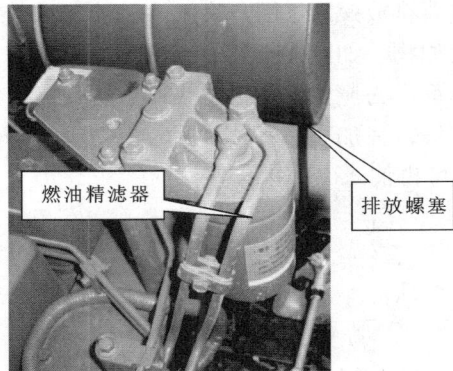

燃油精滤器

排放螺塞

图4-41 柴油滤芯,排气位置

3. 检查燃油软管

泄漏出的燃油会引起火灾甚至造成人身伤亡事故,为了防止这一危险,应将机器停放在坚实的平地上,将铲斗降至地面,关掉发动机。从钥匙开关上取下钥匙,将先导控制开关杆拉至锁位位置。检查软管是否有扭曲、与其他零件的摩擦、泄漏等问题,如果发现有任何异常，立刻修理或更换任何松弛或损坏的软管，绝对不可安装弯曲或损坏的软管。

4. 更换空气滤清器外部和内部滤芯。

5. 检查冷却水水位

当系统没有充分冷却之前不可松开散热器加水盖（图4-42）。应缓慢地把盖子旋下，在移去盖子之前释放全部压力。发动机工作时，冷却水水位必须在冷却水水箱的上限位置和下限位置的记号之间，水箱位于散热器检修门的后方。如果冷却水水位低于下限位置记号，则给水箱添加冷却水，如果水箱是空的，要先给散热器加冷却水后再给水箱加冷却水（图4-43）。

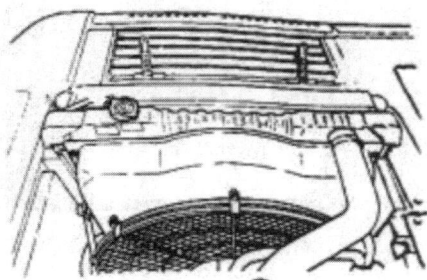

图 4-42　水箱盖子位置

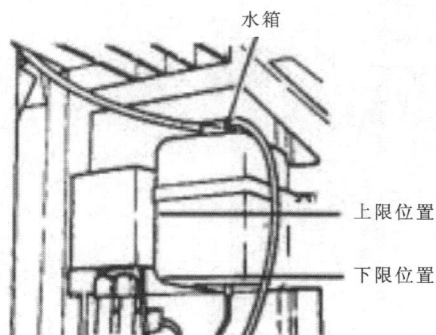

图 4-43　膨胀水箱水位的刻度

6. 更换冷却水

如图4-44，发动机冷却之前，不可松开散热器的盖子。应缓慢将盖子旋开，在移去盖子之前释放全部压力。移去散热器盖子后，打开散热器和发动机上的排放螺塞，排尽冷却水。关上排放螺塞。给散热器装进自来水和散热器清洁剂。起动发动机并以略高于低速空转的速度运转。当温度表的指针达到绿色区域时，继续运转发动机大约15 min。关掉发动机并打开散热器排放螺塞，用自来水冲洗冷却系统，直到排出的水干净为止。这样做能帮助去除锈蚀和沉积物。如图4-45，关上排放螺塞，以规定的混合比例给散热器装进冷却水和防锈剂或者抗冻剂。为避免气泡混入系统，应缓慢地添加冷却水。让发动机运转以充分排出冷却系统中的空气。在加完冷却水之后，让发动机运转几分钟。然后，再次检查冷却水水位。根据需要，可再加入冷却水。

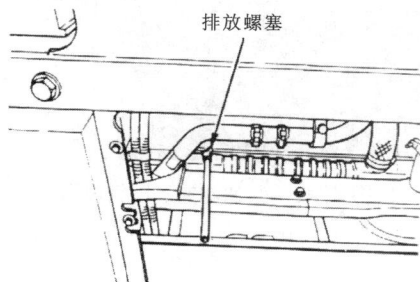

图 4-44　水箱排放冷却液开关

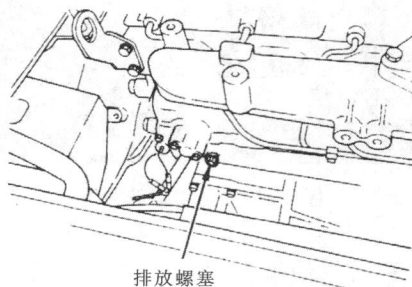

图 4-45　发动机排水开关

(六)电气系统

不适当的无线电通信装置和附件的安装将影响机器的电子部件从而引起机器的意外运动,不适当的电气装置的安装也有可能引起机器发生故障、失火。在安装无线电通信装置或附加电气部件,或者更换电气部件时,务必询问指定经销商或厂家。绝对不要试图分解或改造电气、电子部件。如果需要更换或改造这些部件,请与指定经销商或厂家联系。

1. 蓄电池

(1)检查蓄电池的电解液液位和端子。蓄电池气体能引起爆炸,因此一定要防止火星和火焰接近蓄电池。应使用手电筒来检查电解液的液位。三一挖掘机使用的"德尔福"牌蓄电池是免维护的蓄电池,不需添加水及任何电解液。蓄电池电解液内的硫酸有毒性。它有相当强的酸性,能灼伤皮肤,使衣服破洞。如果溅进眼睛,将造成失明。因此需采取下列方法来避免危险:在通风良好的地方充填蓄电池;戴上眼镜保护用具和塑胶手套;谨防电解液的溅出和滴落;使用适当的辅助蓄电池起动步骤。如果溅到硫酸:应立刻用水冲洗皮肤;使用小苏打或石灰来中和酸;用清水冲洗眼睛 10~15 min;并立刻去医院就治。蓄电池总是先脱开接地的(—)电池夹子,并在最后再装上。b. 始终保持位于蓄电池顶部的端子和放气孔塞的清洁,以避免蓄电池放电。检查蓄电池端子的松弛和锈蚀。给端子涂上凡士林以避免腐蚀。

(2)检查电解液比重。蓄电池气体能引起爆炸,防止火星和火焰接近蓄电池,用手电筒来检查电解液的液位。蓄电池电解液内的硫酸有毒性,它有相当强的酸性,能烧伤皮肤,使衣服破洞,如果溅入眼睛,能造成失明。不可用把金属物横放于接线柱的方法来检查蓄电池的电量使用压计或比重计,必须首先脱开接地(—)蓄电池夹子,并在最后装上(图4-46)。

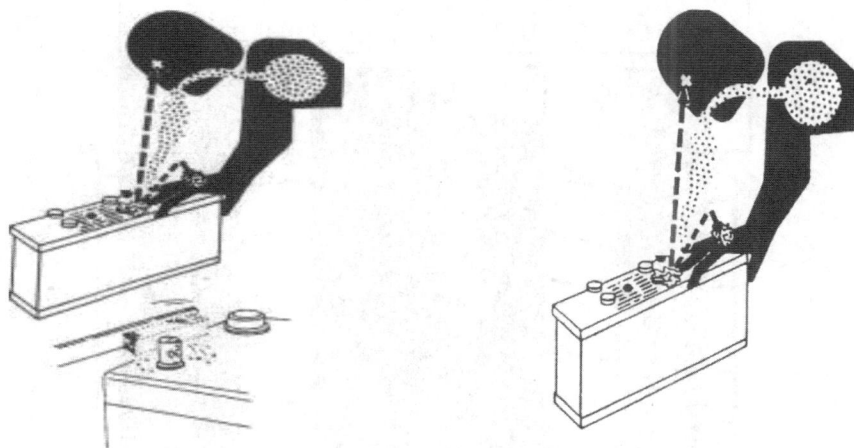

图 4-46 检查电瓶应避免的姿势

2. 更换蓄电池

机器上有 2 个负极(—)接地的 12 V 蓄电池,如果 24 V 系统中一个蓄电池失去作用而另外一个良好,则可以同类型的蓄电池来更换失去作用的蓄电池。例如,以新的不要保养的蓄电池来更换失去作用的不要保养的蓄电池。不同形式蓄电池的充电速度可能不同,这一差别可能会使蓄电池中的某一个因过载而失去作用(图4-47)。

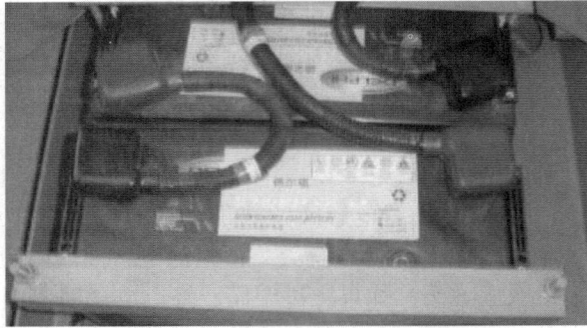

图 4-47　电瓶位置

3. 更换保险丝

　　如果电气设备不工作,应首先检查保险丝。保险丝盒位于操作席后方,保险丝位置/规格表贴在保险丝的盒盖上。往上揭开保险丝盒盖,备用保险丝位于盖下侧。务必安装具有正确安培数的保险丝谨防因过载而损坏电气系统(图4-48)。

F2 充电指灯	F4 工作灯	F1 启动回路
F5 雨刮器、清洗器		F3 喇叭回路
F6 音响	F8 空调	F7 驾驶室灯
F10 触摸屏	F11 DSP控制器	F9 检修灯

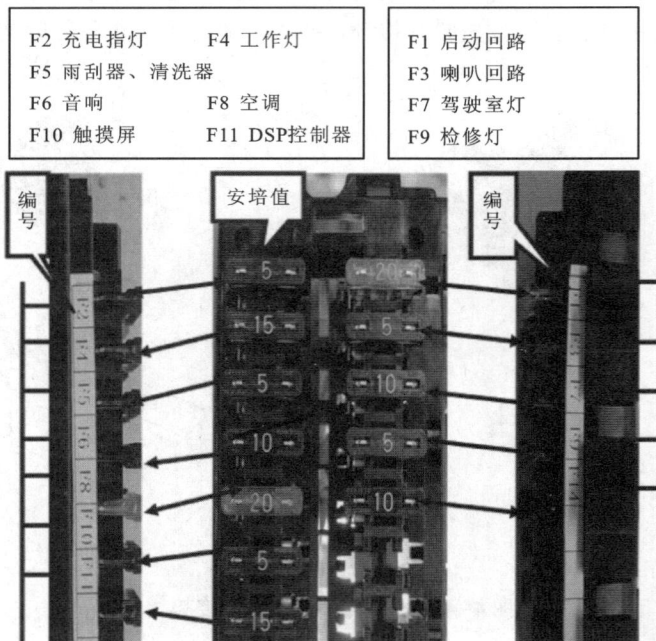

图 4-48　保险丝规及控制内容

（七）工作装置

1.更换斗齿

为防止因金属片的飞出而导致的受伤，应佩戴护目镜或安全眼镜和适合作业的安全器具。

使用锤子和冲头来取出锁销。取出锁销时，应小心橡皮垫圈的损坏。卸去齿套时应检查锁销和橡皮垫圈有否损坏。如有需要，进行更换，必须用新品来更换掉磨短的锁销和损坏了的橡皮垫片（图4-49）。

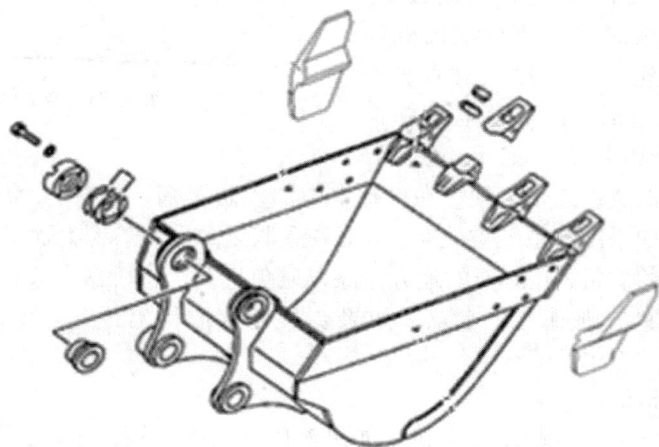

图4-49　斗齿、边齿示意图

2.更换铲斗

在打出或敲入连接销时为防止被飞出的金属屑或碎片击伤，须佩戴护目镜或安全眼镜和适合上作的安全器具。将机器停放在平地，将铲斗降至地面，并将它的平面定位在地面。确保在移去销后铲斗不会滚动。如图4-50为往外滑出O形圈。图4-51，移去铲斗销A和B，分开斗杆和铲斗。清洗销和销孔，给销和销孔涂上足够的润滑油。把斗杆和新铲斗调准，确保铲斗不会滚动。装上铲斗销A和B，给销A和B装上锁销和扣环。调整销A的铲斗连接间隙，参阅调整铲斗连接间隙的方法。给销连接A和

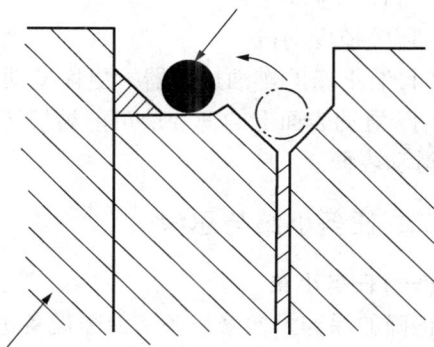

图4-50　O形圈位置

B加上润滑脂。起动发动机并以低速运转，操纵铲斗动作，向两个方向缓慢地转动铲斗，以检查在铲斗移动上是否有任何干扰。不可使用有任何干扰的机器。如果发现有干扰，应及时处理。

(八)其他保养事项

1.长期存放设备

检查机器,修理磨损或损坏的零件。如果需要,则装上新零件。清扫初级空气滤清器滤芯。如果可能,缩回所有液压缸。如果不可能,则在露出的液压缸活塞杆上涂上润滑脂,以润滑所有润滑点。在具有足够长度且稳定放置的垫块上放置履带。清洗机器,冬季存放时特别要对挖掘机各个部位,尤其是四轮一带及履带架清洗干净。在蓄电池充足电后,拆下蓄电池并将

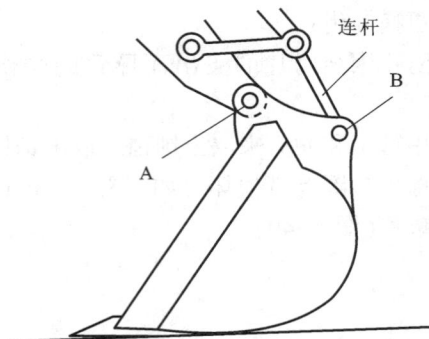

图 4-51　斗销位置

其存放在干燥安全的地方。如果不拆下,就从需要断开蓄电池负极连接电缆。在冷却水中加入防锈剂。在冬季,需使用防冻剂,或者完全放掉冷却水。如果冷却系统被放空,务必在显眼处放上"散热器无水"的标识。放松交流发电机和冷却风扇的皮带,在必要的地方涂漆以避免生锈。将机器存放在既干燥又安全的地方。如果存放在室外,则遮上防水罩。如果要长期存放机器,应至少每月操纵运转一次机器。

2.从库中移出机器

只可在十分通气的地方起动发动机。如果液压缸活塞杆被涂上润滑脂,须除去润滑脂。调整交流发电机和风扇的皮带张力。充填燃料箱,进行燃料系统排气。检查所有液位后,起动发动机。在完全负载操作之前,以一半速度运转发动机数分钟。循环全部液压功能数次。在以全负载操作机器之前,仔细检查所有系统。当机器被长期存放后,还须确保实行以下步骤:

(1)检查所有软管和连接的状况。

(2)预热发动机。

(3)关掉发动机。

(4)装上新的燃油过滤器。更换发动机油过滤器并将油注入发动机。如果机器长时间不被使用,滑动表面上的薄油层可能被损坏,有必要循环行走、回转挖掘液压功能 2 至 3 次,以润滑滑动表面。

二、任务小结与思考

(一)任务小结

正确的保养及检修设备是保障设备正常运行的前提条件,设备正常运行能提高工作效率及降低经济支出,但设备过度保养和长期停放不用也会适得其反。

(二)思考

若设备长期停放不用应如何处理。

《挖掘机操作与保养》
课程任务单

任务单一　安全操作规程

一、基本信息表

任务名称	操作规程			课　时	
班　级		组序号	负责人	日　期	
姓　名				指导老师	
学习内容					
目的要求					

二、资讯查询表

资讯内容	资讯方式
一、填空题 1. 在上下挖掘机时,必须_____设备并使用台阶及扶手,始终采用_____上下法,不能_____。 2. 挖掘机行驶中要遵守转弯三项规定_____,会车时要做到礼让"三先"_____;上下坡时不准曲线行驶。 3. 起发动机前,检查安全锁定控制杆_____位置。 4. 只允许坐在_____起动或操作机器。 5. 检查所有_____液面、_____液面和_____液面是否在规定范围。	
二、判断题 1. 对机器做未经认可的改装可能有损其功能和(或)安全性,并影响机器的寿命。(　　) 2. 操作挖掘机时,除当班操作工外,不准其他人员站或坐在机体上。(　　) 3. 利用动臂把车体支起时,可以钻进底盘下面工作。必要时应用枕木垫牢后方才进行作业。(　　) 4. 挖掘机正铲作业时,除松散土外,其作业面可以超过本机性能规定的最大挖掘高度和深度。(　　) 5. 可以使用令起动马达电路短路的方式起动发动机。(　　)	
三、简答题 1. 挖掘机起动前的检查项目有哪些?	

资讯内容	资讯方式
2. 编写挖掘机紧急情况处理方案。	
3. 挖掘机转弯时的三项规定是什么？	
4. 简述寒冷天气起动发动机的方法。	

学习总结 （从资讯内容、课程的联系、查询资料的方法三方面去总结）	
学习中的疑问	

教师点评		评分	
		签名	

任务单二　挖掘机操作安全

一、基本信息表

任务名称	操作安全				课　时	
班　级		组序号		负责人		日　期	
姓　名					指导老师	
学习内容						
目的要求						

二、资讯查询表

资讯内容	资讯方式
一、填空题 1. 小心不要撞倒周围人员, 在_____、_____或_____之前, 确认周围人员的位置。 2. 在驶上或驶下斜坡时, 将铲斗保持在行走方向上, 离地约_____至_____, 如果机器开始打滑或变得不稳, 立即下降铲斗。 3. 在操作机器前, 在铲斗回转半径的_____和_____设置围栏, 防止人员进入工作区域。 4. 用行走方式开关选择_____方式。在快速方式上, 行走速度会自动地_____。 5. 如果保养时必须抬起机器, 应把_____和_____之间的角度保持在_____°到_____°以内。牢牢地支撑住被抬起的机器的任何部件。	
二、判断题 1. 如果行走马达位于驾驶室的前方, 在向前推动踏板/杆时, 机器将向后移动。(　　) 2. 只有在信号员和操作者都清楚地明白信号时, 才能移动机器。(　　) 3. 挖掘前, 检查电缆、煤气和水管的位置标示, 或确认其位置。(　　) 4. 防止上车回转时可能发生的机器倾倒及其导致的受伤。收缩、降低斗杆并缓慢地回转上车以获得最佳的稳定性。(　　) 5. 在维修保养机器之前将工作装置升起到最大位置。(　　)	
三、简答题 1. 挖掘机施工过程中, 哪些方法会导致安全事故的发生?	

资讯内容	资讯方式
2. 如何防止挖掘机侧翻？怎样避免挖掘机伤人？	
3. 在保养机器前需要完成的工作有哪些？	

四、识图题

1. 下图中箭头所指示的含义是什么？

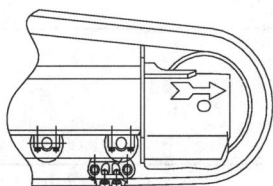

2. 下图所示是挖掘机的何种工作状况？

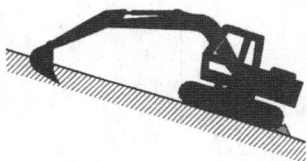

3. 下图所示是挖掘机何种事故状况？

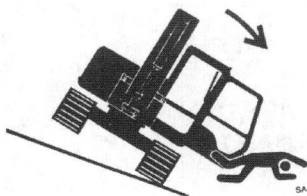

学习总结 （从资讯内容、课程的联系、查询资料的方法三方面去总结）		
学习中的疑问		
教师点评		评分
		签名

任务单三　安全装置

一、基本信息表

任务名称	安全装置			课　时	
班　级		组序号		负责人	日　期
姓　名					指导老师
学习内容					
目的要求					

二、资讯查询表

资讯内容	资讯方式
一、填空题 1. 常用的安全用品有____、____、____、____。 2. "警告"是指有潜在危险的情况。如不避免可能造成____或____。 3. 在上下机器时，总是与____和____保持____接触，并面向机器。 4. 如果必须用跨接起动的方法来起动发动机，跨接起动需要由____个人来进行。 5. 只允许____在机器上，不可有其他____。	
二、判断题 1. 长时间地置身于强噪声中会导致听觉受损甚至丧失。（　） 2. 操作者在背靠在椅背时，应能把踏板踩到底，并能正确地操作操纵杆。（　） 3. 小心地处置燃油，因为它是高度易燃的。如果燃油被点燃，它会发生爆炸和（或）火灾，可能导致人身伤亡。（　） 4. 调松履带时不要超过一圈，否则有被高压下飞出的调节阀击伤的危险。（　） 5. 如果工作装置操纵杆上挂有警告标识，不得起动发动机或接触操作杆。（　）	
三、简答题 1. 如何安全停放挖掘机?	

资讯内容	资讯方式
2. 挖掘机上有哪些安全警示标识?	
3. 液体要如何处置?	

四、识图题

1. 下图所示是挖掘机何种事故状况?

资讯内容	资讯方式
2.下图所示是挖掘机何种工作状况？ 最大15° 3.下图所示的意义是什么？	

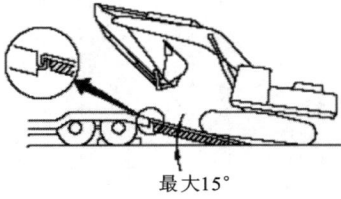

		评分	
学习总结 （从资讯内容、课程的联系、查询资料的方法三方面去总结）			
学习中的疑问			
教师点评		评分	
		签名	

任务单四　基本操作

一、基本信息表

任务名称	基本操作			课　　时	
班　　级	组序号		负责人	日　　期	
姓　　名				指导老师	
学习内容					
目的要求					

二、资讯查询表

资讯内容	资讯方式
一、填空题 1.发动机起动后要以中怠速运转_____min，目的是让发动机温度上升。 2.发动机停机前要以低怠速运转_____min，目的是让发动机慢慢冷却。 3.高怠速运转不允许超过_____min，否则会造成涡轮增压器进气侧漏油，同时也不允许低怠速运转超过_____min，否则会造成涡轮增压器排气侧漏油。 4.用斗杆挖掘时，斗杆最有效的挖掘范围是从垂直线的外侧_____度至内侧的____ ____度。 5.当正常挖掘时，驱动轮_____放在机器的后侧； 6.当在水中作业时，水深不能超过_____的中心线。 7.挖掘机不能长距离行走，原因是长距离行走会使_____内油温度过高，从而烧坏_____等。 8.在启动前，操作_____前，以及_____，必须鸣喇叭以作警告。 9.安全锁定杆用于锁住工作装置，在启动前，_____期间，以及_____前这几种情况下必须处于锁定位置。	
二、简答及识图题 1.挖掘机工作装置由哪7个主要零部件组成？	

资讯内容	资讯方式

2. 挖掘机上车部分由哪 11 个主要零部件组成?

3. 挖掘机下车部分由哪 9 个主要零部件组成?

学习总结 (从资讯内容、课程的联系、查询资料的方法三方面去总结)	
学习中的疑问	

教师点评		评分	
		签名	

任务单五　施工操作

一、基本信息表

任务名称	施工操作			课　时	
班　级	组序号		负责人	日　期	
姓　名				指导老师	
学习内容					
目的要求					

二、资讯查询表

资讯内容	资讯方式
一、填空题 1. 当在平坦的地面上行走时,要折回工作装置并与地面保持_____的高度。 2. 当在斜坡上行走时,要使工作装置保持距地面_____的高度,在紧急情况下,可以把_____插入地面以帮助停住机器。 3. 保持铲斗朝向行走方向,并离地 200~300 mm,如果机器开始打滑或失稳,立即降下_____。 4. 每天停机后必须_____,每天开机前必须_____,目的是尽量减少水分对燃油系统的污染。 5. 尽量避免横穿斜坡,机器有可能_____或_____。 6. 每天起动发动机前,在检查机油时,除了检查机油油位,还应同时检查机油的_____ _____。 7. 如果在斜坡上发动机熄火,应立即将_____降至地上,把各操纵杆回到_____ _____位置,然后重新起动发动机。 8. 尽量避免在斜坡上停放机器,机器有可能倾翻,导致人员受伤。如果在斜坡上停放机器不可避免时应做到: ①_____ ②_____ ③_____	

资讯内容	资讯方式
二、判断题(以下做法是否正确,正确的打√,错误的打×) 1.用大臂向下的动力,将桩打入地下。( ) 2.为保证浅沟挖得水平,将铲斗插入地面,然后操作行走马达进行挖掘。( ) 3.拆除建筑物时,回转上车体,然后用铲斗去撞倒墙面。( ) 4.在盐碱地区工作结束后,用清洁的自来水冲洗油缸的活塞杆。( ) 5.在雨水中作业后,即打黄油。( ) 6.在给蓄电池接线时,应先接正极线,后接负极线。( ) 7.水滤芯的作用就是过滤水中的杂质。( )	
三、问答题 1.简述提高施工效率的方式方法。 2.简述驾驶挖掘机上下坡的方法。 3.简述挖掘机日常保养的项目有哪些。	

学习总结 (从资讯内容、课程的联系、查询资料的方法三方面去总结)	
学习中的疑问	

教师点评		评分	
		签名	

任务单六 土方操作

一、基本信息表

任务名称		土方开挖			课 时	
班 级		组序号		负责人		日 期	
姓 名					指导老师	
学习内容						
目的要求						

二、资讯查询表

资讯内容	资讯方式
1.请根据下图写出进行箱形坑挖掘作业的具体挖掘方法。 	

资讯内容	资讯方式
2.请根据下图写出在松软土质中操作的各步骤的具体动作。 ①　　② ③ 3.在保证安全施工的基础上，有哪些方式方法可以提高施工的效率？	

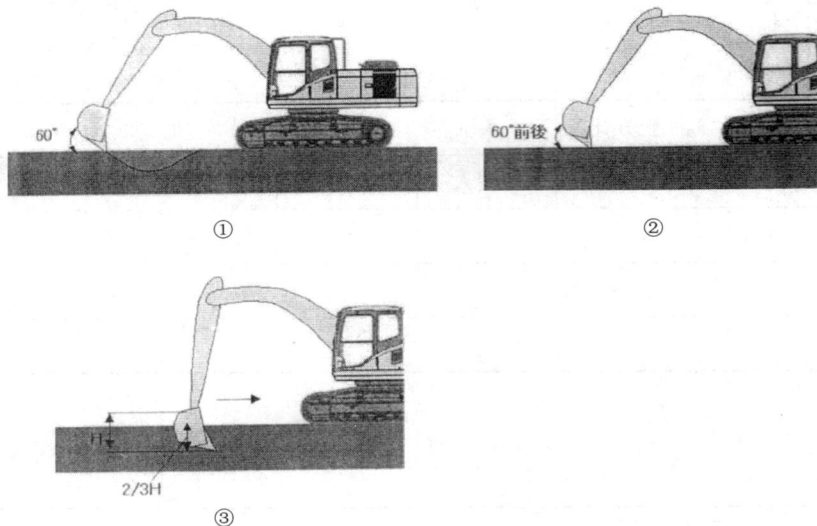

学习总结 （从资讯内容、课程的联系、查询资料的方法三方面去总结）			
学习中的疑问			
教师点评		评分	
		签名	

任务单七　行走装车

一、基本信息表

任务名称	行走装车			课　时	
班　　级	组序号		负责人	日　期	
姓　　名				指导老师	
学习内容					
目的要求					

二、资讯查询表

资讯内容	资讯方式
一、填空题 1.在有物体掉落可能的作业场地进行作业时，务必安装上_____ _____护顶。 2.见右图，如果需要在软地上作业，应事先充分加强_____。 3.在操作机器时，务必穿戴适于工作的紧身服和_____等安全用品。 4.使作业和机器移动范围内的所有人员离开，清除所有_____。 5.操作过程中时刻注意周围情况，在四周有障碍物的狭小范围作业时，不要让_____撞到障碍物。 6.在为卡车车头装载时，应从卡车的_____将铲斗提到卡车车头的_____，不要将铲斗经过卡车驾驶室的_____或_____的头顶。 7.按照_____的方法挖掘泥土，然后确保安全后使铲斗提升至车辆上部进行倾倒。 8.在确保安全装车作业的同时如何提升工作效率? 　　①_____ 　　②_____ 　　③_____	

资讯内容	资讯方式
9.两项基本的施工技巧我们都已经掌握了，你还见到过其他施工方式方法吗？它们是如何实现的？列举一至两个出来。	

学习总结 （从资讯内容、课程的联系、查询资料的方法三方面去总结）	
学习中的疑问	

教师点评		评分	
		签名	

90

任务单八　挖掘动作

任务名称	挖掘动作	姓　　名	训练时间	
			考　核	

一、任务目标

1. 挖斗装满。

2. 挖掘面齐整。

二、任务咨询

1. 挖掘要领：

挖掘机整个挖掘工作是由铲斗油缸、斗杆油缸、动臂油缸同时动作完成的，操作者要体会的就是什么时候用哪两个油缸，要根据实际的土质情况和工作面情况掌握。

①在提大臂的同时可左右转向，以快速到达取土点。(推拉手柄⑥的同时推拉手柄③，使其两个油缸同时工作。)

②在提降大臂的同时，可展开和收回斗杆，以快速到达取土和放土点(推拉手柄④的同时推拉手柄③，使其两个油缸同时工作)。

③在收展斗杆的同时，可挠张铲斗，以快速进行取土和放土的动作(在推拉手柄⑤的同时，推拉手柄③，使其两个油缸同时工作)。

④在左右转向的同时，张开铲斗以快速放土(推拉手柄③的同时推拉手柄⑥，此方法在挖沟时用)。

2. 挖掘效率：

①当铲斗缸和连杆、斗杆缸和斗杆之间互成90°时，挖掘力最大。

②铲斗斗齿和地面保持30°时，挖掘力最佳即切土阻力最小。

③用斗杆挖掘时，应保证斗杆角度范围为前面45°到后面30°之间。同时使用动臂和铲斗，能提高挖掘效率。

3. 注意事项：

铲斗挖掘时每次吃土不宜过深，提斗不要过猛，以免损坏机械或造成倾覆事故。铲斗下落时，注意不要冲击履带及车架。

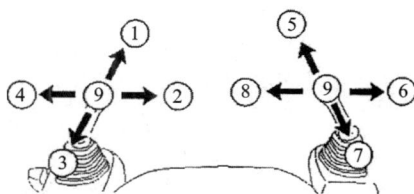

1—小臂向外；2—向右回转；3—小臂向内；
4—向左回转；5—大臂向下；6—铲斗倾倒；
7—大臂举升；8—铲斗闭合；9—保持不动

三、任务准备

模拟机5台。

四、任务实施

1. 操作要领讲解示范。

2. 进行40 min的熟悉训练，第一阶段以准备者为顺序等待，第二阶段的准备者为刚下机者。

3. 检查方式为5 min内的甩方次数，顺序评定。

五、学习感言及收获

六、指导老师评语

任务单九 坡上操作

任务名称	挖掘机坡上操作	姓名	训练时间	
			考核	

一、任务目标
1. 能认识挖掘机坡上操作的安全要领；
2. 能在模拟机进行坡上操作。

二、任务咨询
1. 在斜坡上行走时

当行走时，将铲斗升离地地面 20~30 cm，不要倒退着下坡行走。当在隆起物或其他障碍物上行走时，要使工作装置靠近地面并缓慢行走。不要在斜坡上转弯或横穿斜坡，一定要到一块平整的地方进行这些操作，以保证安全。一定要以这样的方式操作或行驶，即如果机器打滑或变得不稳定，可以随时安全地停住。当在斜坡上工作时，转弯或操作工作装置会使机器失去平衡并翻倒，因此要避免这种操作。当铲斗装有负荷时，朝下坡方向回转是非常危险的。如果必须进行这样的操作，则用土堆起一个平台，以便操作时保持平稳。不要驶上或驶下陡坡。当上坡行走时，如果履带板打滑或仅靠履带的力不能上坡时，不要利用斗杆的拉力帮助机器上坡，这样机器会有倾翻的危险。当驶下陡坡时，用行走操纵杆和燃油控制板保持低速行走，当坡度超过 15°时的陡坡上下行走时，要把工作装置调到下图中所示的状态并降低发动机转速。下坡时链轮一侧在下面，如果机器下坡时，链轮一侧在上面，履带往往会松弛，造成跳齿。当驶上超过 15°的陡坡时，反和装置调成如下图所示的状态。当驶上陡坡时，为保证平衡，要把工作装置伸向前方，使工作装置升高地面 20~30 cm 并以低速行走。

2. 下坡行走

在下坡时，为了制动机器，要将行走操纵杆置于中位，这样会自动地施加制动。

发动机在斜坡上关闭。

当上坡时，如果发动机停机，要将所有操纵杆置于中位，然后再起动发动机。

3. 在斜坡上的注意事项

当机器在斜坡上时如果发动机停机，不要用左侧工作装置操纵杆进行回转操作，上部结构将借助其自重

4. 回转

当在斜坡上开门或关门时，要格外小心，门的重量会使门突然地打开或关闭。

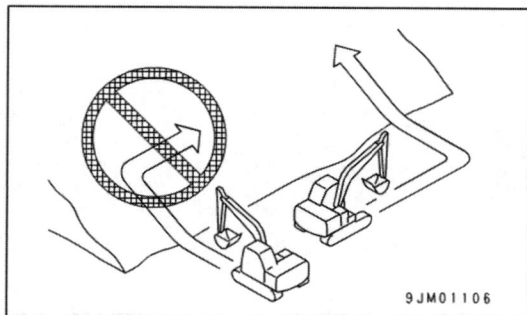

(a)

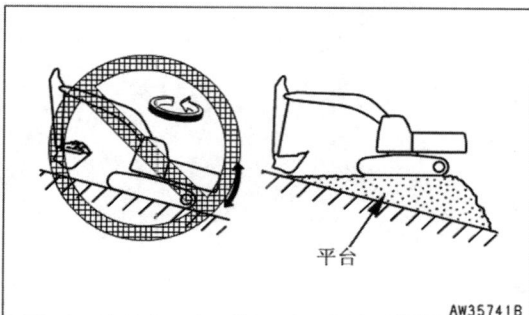

(b)

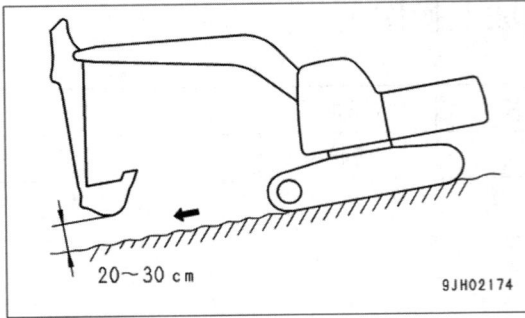

(c)

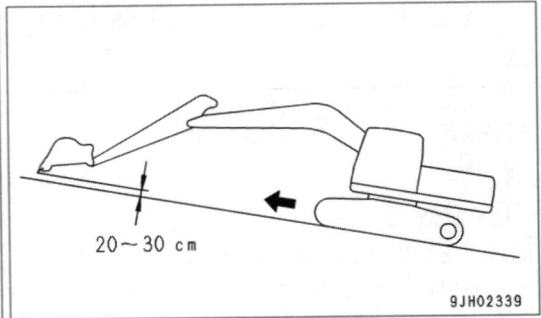

(d)

三、任务准备
挖掘机模拟机 5 台。

四、任务实施
1. 挖掘机操作要领。
2. 挖掘机上坡的动作要领。
3. 挖掘机上坡的安全控制。

五、学习感言及收获

六、指导老师评语

任务单十 基坑开挖

实习课题	基坑开挖		授课日期	
授课时数		讲课：	示范：	练习：	生产：
教学目标	1. 了解小面积和大面积基础挖掘的不同 2. 掌握大、小面积挖掘的方法 3. 体会两种基础挖掘的做法上的不同			
重点难点	大面积挖掘的方法和层次，及其与小面积挖掘步骤上的不同			
设备材料	挖掘机、石灰粉、标尺、水平仪			
安全防护	隔离带			
分组安排	每人 15 min 轮流进行			
讲解示范 （课题分析与 工艺过程）	一、作业前的准备： 　　检查各部油、水是否正常，各部润滑脂的加注情况；作业现场的人员清理工作；基础的界限划定。 二、讲解： 1. 小面积挖掘时，可将机器停在基础的一侧，倒退进行挖掘，尽挖掘机的最大挖掘半径，至要求深度和宽度，当到达第一转点调转机身，沿基础的边线行进，继续倒退挖掘，挖至要求面积之后，再调转，依次进行即可。 2. 大面积基础挖掘时，可分区域进行。先将机身摆在基础线的一侧，将机身前的区域挖尽，而后调转机身，挖掘斜上方的区域，完成以后，倒退挖掘机至前一区域大致相同的位置，按照前一次挖掘的方法挖掘。第三次与前两次相同。而后调转机身，将机身摆在与基础线垂直的位置，将机身前的土壤挖尽至基础线，然后原地掉转机身，再按照区域 1.2.3.4.5.6 的方法挖掘即可。 3. 回填时将机身前的土先回平，而后推进进行操作。 三、作业完毕后对作业面进行检查，并进行一些简单的修整。			
操作要点	1. 基础的前后左右四个壁要求尽量平滑，可以在挖掘时，稍微带上旋转，前壁用铲斗切削。 2. 底面要求平整，此要求的具体做法是在挖土的同时做找平动作。 3. 大面积挖掘时要求各区域底面要一致，在操作时，可与技术员合作打点进行。			

巡回指导	共性问题： 1. 四壁不平滑 2. 底面不平整 3. 挖掘过程中无用动作太多 个性问题： 1. 基础线在挖掘时如同虚设 2. 大面积挖掘次序错误
检查考核	1. 四壁平滑度（20%） 2. 地面平整度（20%） 3. 挖掘时的步骤（15%） 4. 操作的连贯性（30%） 5. 整体感官（15%）
布置作业	1. 总结个人在挖掘时存在的问题 2. 写出挖掘的方法和步骤
设备保养	各部油、水的检查，润滑脂的加注，驾驶室的清洁
教学后记	

任务单十一　部件清洁

一、基本信息表

任务名称	清洁			课　时	
班　级		组序号		负责人		日　期	
姓　名				指导老师	
学习内容	1. 机器的清洁内容 2. 机器的清洁标准				
目的要求	能独立操作设备保养				

二、资讯查询表

资讯内容	资讯方式
一、选择题 1. 为了清除液压油中的杂质，保证液压元件正常工作，液压系统中装设了(　　)。 A. 蓄能器　　　　　B. 散热器　　　　　C. 滤清器 2. 保持机器清洁的最主要的目的是(　　)。 A. 确保驾驶员安全　　B. 促进通风　　C. 使保养更容易　　D. 减少机件漏油 3. 燃油箱污物贮槽的排放时间间隔为(　　)。 A. 一天　　　　　　B. 一周　　　　C. 两周　　　　　D. 一个月 4. 输油泵滤网位于(　　)。 A. 高压油泵　　　　B. 机油泵　　　C. 输油泵 5. 清扫空调新鲜和循环空气过滤器的时间间隔是(　　)小时。 6. 保养项目的时间间隔与其他两项不一样的是(　　)。 A. 液压油油位检查　　　　　B. 行走减速装置油位检查 C. 回转减速装置油位检查 7. 进行下列哪项燃油系统的保养之后不需要排出燃油系统中的空气？(　　) A. 油水分离器的排水作业　　　B. 更换柴油滤芯 C. 排放燃油箱污物 8. 挖掘机前端工作装置的销轴采用(　　)的润滑方式。 A. 轴端润滑　　　　B. 支承座润滑 9. 在保养过程中，对废油的处理是(　　)。 A. 倒在地上　　　　B. 倒在下水道　　　C. 倒在废油桶内　　　D. 无所谓	

资讯内容	资讯方式

二、识图题

1. 这是在做哪一部分清洁？如何进行清洁？

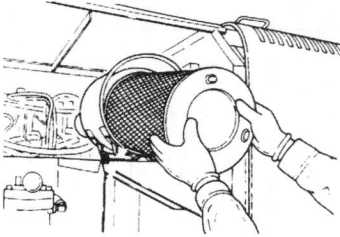

2. 图示是什么装置？需要做什么工作？

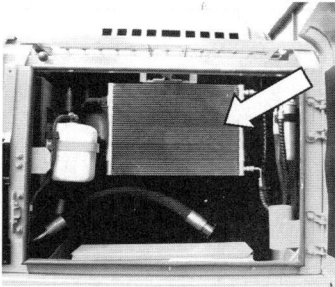

3. 图示是什么装置？如何清洁？其他的作用是什么？

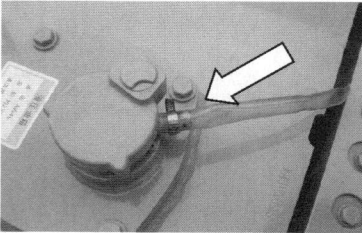

4. 图示箭头各是什么滤芯？

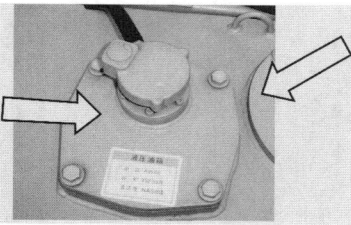

资讯内容	资讯方式
5. 这个装置是什么? 它有清洁的要求吗? 三、开放资讯题 1. 为什么要定期清洗发动机的冷却系统? 如何清洗? 2. 柴油机起动困难的原因有哪些? 并写出与清洁有关的注意事项。 3. 写出因清洁不利造成发动机冒黑烟的分析。	

学习总结 (从资讯内容、课程的联系、查询资料的方法三方面去总结)			
学习中的疑问			
教师点评		评分	
		签名	

任务单十二　部件紧固

一、基本信息表

任务名称	紧固			课　　时	
班　　级	组序号		负责人	日　　期	
姓　　名				指导老师	
学习内容					
目的要求					

二、资讯查询表

资讯内容	资讯方式
一、选择题 1. 下列有关 6BG1T 发动机的描述中错误的是(　　)。 A. 冷态时的气门间隙是 0.4 mm B. 进、排气弹簧个数均为两个 C. 气缸盖连接螺栓是角度连接螺栓 D. 凸轮轴侧置缸体结构 2. 下列关于履带板应用场合的叙述中错误的是(　　)。 A. 三角形履带板适用于松软地面 B. 600 mm 三筋履带板适用于一般地面 C. 800 mm 三筋履带板适用于岩石地面 D. 平履带板适用于已铺筑好的路面 3. 履带板的宽度是决定挖掘机(　　)的主要因素之一。 A. 整机平衡　　B. 接地比压　　C. 爬坡能力　　D. 行走速度 4. 电气短路会引起火灾,因此以下注意事项正确的是(　　)。 A. 在 50 h 操作后,检查电缆和电线是否松弛、扭结、发硬或绽裂 B. 在 50 h 操作后,检查接线端盖是否遗失或损坏 C. 如果电缆或电线出现松弛、扭结等现象,不要操作机器 D. 清扫和紧固所有的电气连接 5. 长期封存机器不正确的操作项目为(　　)。 A. 在外露的活塞杆上涂润滑脂 B. 调整交流发电机和冷却风扇的皮带张力到规定的使用值 C. 在冷却液中加防锈剂或将冷却液放掉 D. 将蓄电池充足电后,拆下蓄电池并将其放到干燥安全的地方	

资讯内容	资讯方式
6. 使用活动扳手时，以下说法正确的是( )。 A. 活动扳手一般较重，偶尔可代替手锤使用 B. 因为开口宽度可调节，适用范围广，故应优先选用活动扳手 C. 可以对活动扳手使用加力杆进行加力 D. 使用时只能朝下腭的方向转动 7. 通常所说 17 的开口扳手，指的是( )。 A. 扳手的质量是 0.17 kg B. 扳手的长度是 17 cm C. 扳手的开口宽度是 17 mm D. 扳手所对应的螺母公称直径为 17 mm 8. 使用扳手时，以下错误的操作是( )。 A. 操作前应确认扳手与螺栓或螺母是否充分吻合 B. 操作过程中严禁戴手套，以防止打滑 C. 扳手不得代替手锤使用 D. 需用强力紧固时，要清理操作场所，站稳并以正确的姿势进行操作	

二、读图题

1. 下面图示为紧固什么？什么情况下需要检查紧固？

2. 链板螺栓的紧固顺序是什么？

3. 发动机需要紧固的地方有哪些？标准和周期是多少？

资讯内容	资讯方式
4. 这是什么装置, 紧固的地方在哪? 	

三、开放资讯题

1. 机械的合理使用包括哪些内容? (完成下列未完的内容)

机械设备在使用过程中, 由于受到各种载荷和腐蚀性物质的作用, 其技术状况将发生变化, 因而工作能力逐渐降低, 但技术状况变化的快慢受多种因素影响。合理地使用机械设备是保持良好技术状态、延长机械使用寿命最为有效的措施。合理使用机械具体有如下内容:

(1) 合理安排施工任务。

(2) 建立机械使用责任制。

(3) 严格遵守机械操作规程。机械操作人员在操作机械时, 必须严格遵守机械操作规程, 对违反操作规程的指挥调度和要求, 驾驶、操作人员有权拒绝执行。

(4) 凡投入使用的机械设备, 均应符合下列主要技术条件:

①机械设备外观整洁、装置齐全, 各部连接、紧固件完整可靠。

②发动机动力性能与经济性能良好。

③行走机构及工作装置等应工作良好, 润滑良好。

④安全部件应齐全有效。

⑤(学生填写) _____。

⑥(学生填写) _____。

2. 什么是机械配件? (举例阐述完善)

机械维修所用的各种零件、部件、总成及附属品称为配件。配件不包括随机工具。

(1) 零件: (学生填写) _____。

(2) 部件: (学生填写) _____。

(3) 总成: (学生填写) _____。

资讯内容	资讯方式
3.什么叫跨接起动？挖掘机跨接起动需要的人数为几人？如何进行跨接起动？	
4.串联油路和并联油路各有什么特点？挖掘机属于哪种？有什么特点？	

学习总结 （从资讯内容、课程的联系、查询资料的方法三方面去总结）		
学习中的疑问		
教师点评		评分
		签名

任务单十三　部件调整

一、基本信息表

任务名称	调整			课　时	
班　级		组序号		负责人		日　期	
姓　名				指导老师	
学习内容					
目的要求					

二、资讯查询表

资讯内容	资讯方式
一、选择题 　1. 自动怠速控制的主要目的是(　　)。 　A. 降低系统压力　　B. 降低燃油消耗　　C. 降低发动机转速　　D. 以上说法都正确 　2. 在液压系统中可用于安全保护的液压元件是(　　)。 　A. 减压阀　　　　B. 顺序阀　　　　C. 溢流阀 　3. 挖掘机的液压缸缸径变大，活塞杆直径和工作压力均不变时，液压缸的作用力如何变化？(　　) 　A. 变大　　　　B. 变小　　　　C. 不变　　　　D. 不一定 　4. 液压油温度上升到高温时，液压效率将会(　　)。 　A. 升高　　　　B. 消失　　　　C. 暂停　　　　D. 减低 　5. 如果空气滤清器被堵塞，则会产生何种现象？(　　) 　A. 迫使空气由旁路进入滤芯　　　　B. 空气供给被堵塞 　C. 导致不完全的燃烧，同时在活塞和气门上产生积炭 　6. 安装在行走架下部用来支撑整机重量的部件是(　　)。 　A. 驱动轮　　　　B. 张紧轮　　　　C. 支重轮　　　　D. 托链轮 　7. 铲斗有大小应该与下列哪些因素有关？(　　) 　A. 整机重量　　B. 配重大小　　C. 大小臂的长度　　D. 主系统压力 　8. 下列哪个部件上没有换气孔？(　　) 　A. 行走减速机　　B. 柴油箱　　　　C. 液压油箱 　9. 在上下平板车装卸机器时，务必要关掉哪个开关？(　　) 　A. 工作灯开关　　B. 挖掘方式开关　　C. 行走低速开关　　D. 自动怠速开关 　10. 关于在驾驶室内的一般注意事项，以下说法正确的是(　　)。 　A. 把一些常用的零件及工具放在操作座椅周围，以便随时取用 　B. 在操作机器时，为使工作更为轻松，可以收听收音机 　C. 不要把打火机留在驾驶室内，因为驾驶室的温度升高时，打火机可能会爆炸 　D. 避免在驾驶室内存放透明的瓶子，不要在窗上挂设任何种类的透明装饰	

资讯内容	资讯方式
二、识图题 1. 这里调整的内容是什么？如何调整？ 2. 写出履带调整的办法。 	
三、开放资讯题 1. 发动机水箱生锈、结垢是最常见的问题，其可能造成的影响有哪些？ 2. 压力不够是不是因为控制泵已损坏？ 3. 挖掘机更新液压泵后的注意事项有哪些？（补充回答） 　①随时注意异常现象的发生，如异常声音、振动或监视系统异常信号等，一发现有异常现象时，即刻找来路图，小心观察异常现象是否为一时错误所造成。评估需不需要停车处理。压力、负荷、温度、时间以及起动时、停止时都包含了可能产生异常现象的原因，平时即应逐项分析研讨。 　②（学生填写）_____ _____ _____。	

资讯内容	资讯方式
③(学生填写) _____ _____。 ④(学生填写) _____ _____。 ⑤注意检查仪器的显示值。 随时观察液压回路的压力表显示值,压力开关灯等的振动情形和安定性,以尽早发现液压回路作用是否正常。 ⑥注意观察机械的动作情况(改装泵、液压回路设计不当或组件制造不良等问题,在起始使用阶段不容易发现,故应特别注意在各种使用条件下所显现出的动作状态。 ⑦注意各阀的调整。 充分了解压力控制阀、流量控制阀和方向控制阀的使用,对调整范围和极限须特别留意,否则调整错误不仅损伤机械,更对安全构成威胁。 ⑧检查过滤器的状态。 对回路中的过滤器应定期取出清理,并检查滤网的状态及网上所吸附的污物,分析质量和大小,如此可观察回路的污染程度,甚至据此推断出污染来源所在。 ⑨定期检查液压油的变化。 每隔一、两个月检查分析液压油品质、变色和污染程度的变化,以确保液压传动媒介的正常。 ⑩注意配管部分泄漏情况。 液压装置配管的工作状况,于运转一段时间后即可看出,检查是否漏油、配管是否松动。 4. 发动机功率足够,运转正常,而挖掘机作业速度缓慢,挖掘无力,则可能的原因有哪些?	

学习总结 (从资讯内容、课程的联系、查询资料的方法三方面去总结)	
学习中的疑问	

教师点评	评分	
	签名	

任务单十四 活动件润滑

一、基本信息表

任务名称	润滑					课　时	
班　级		组序号		负责人		日　期	
姓　名						指导老师	
学习内容							
目的要求							

二、资讯查询表

资讯内容	资讯方式
一、选择题 1.挖掘机长距离行走,将对以下哪个部位产生严重的影响甚至可能导致损坏?(　　) A.泵装置　　　　　B.行走马达　　　　C.行走减速装置　　　D.发动机 2.采用中冷器的主要目的是(　　)。 A.降低噪声　　　　B.提高发动机功率　　C.提高液压油压力　　D.提高操作性 3.在水中或稀泥中操作的挖掘机,其前端工作装置连接销的保养间隔为(　　)。 A.4 h　　　　　　B.8 h　　　　　　C.12 h 4.关于下图部件的描述,正确的是(　　)。 A.此部件是前部工作装置的轴销衬套 B.具有自润滑功能 C.采用此部件可延长工作装置的保养时间 D.此衬套实际上就是一个滑动轴承 5.挖掘机发动机机油油位的检查间隔是(　　)。 A.24 h　　　B.50 h　　　C.250 h　　　D.500 h 6.下面哪种油为多机油?(　　) A.10W-30　　B.10W　　C.30　　D.25W	

资讯内容	资讯方式

二、识图题

1. 图示为二位二通换向阀的两个位置，其中(a)表示中位位置，(b)表示工作位置。那么，中位位置时的状态是(　　)

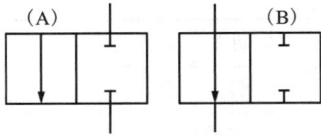

A. 接通　　　　B. 切断　　　　C. 节流　　　　D. 溢流

2. 下列各液压符号的名称是(　　)。

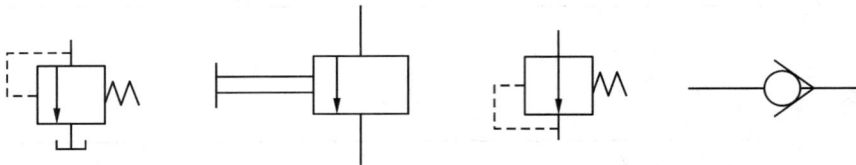

A. 节流阀、减压阀、溢流阀、单向阀

B. 溢流阀、单向阀、减压阀、节流阀

C. 单向阀、溢流阀、节流阀、减压阀

D. 溢流阀、节流阀、减压阀、单向阀

3. 下面图示所指的是(　　)。

A. 柴油滤芯　　　　B. 机油滤芯　　　　C. 油水分离器

4. 确定齿轮油检查的部位是(　　)。

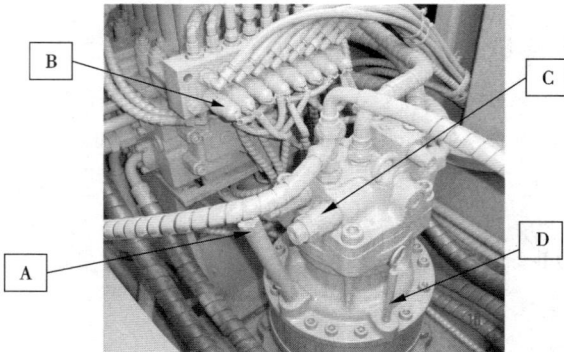

资讯内容	资讯方式

三、填空题

1. 在下表中填上润滑装置的间隔时间。

加润滑剂的时间表

零部件		数量	间隔时间/h						
			8	50	100	250	500	1000	2000
①工作装置连接销	动臂销轴 动臂液压缸底销轴 铲斗和连杆的销	12							
	其他	7							
②回转支承		2							
③回转支承内啮合齿轮		1							

2. 下面图示哪个是加注油位线？（　　）

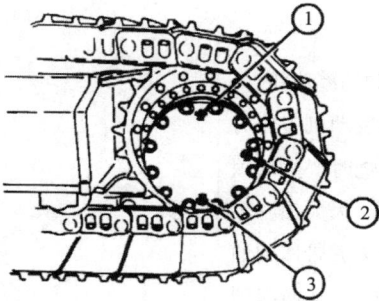

3. 在下表中对应位置打✓。

零部件		数量	间隔时间/h						
			8	50	100	250	500	1000	2000
①发动机机油	油位检查	1							
②发动机机油	更换	22 L							
③发动机机油过滤器	更换	1							

资讯内容	资讯方式

四、开放资讯题

1. 根据提示方向结合实际进行阐述。

保证发动机润滑的条件是什么？

①有足够的润滑油量和合适的压力：（学生填写）_____

_____

_____。

②运动件表面之间有合适的间隙：（学生填写）_____

_____

_____。

③足够快的速度：（学生填写）_____

_____

_____。

④润滑油必须有适当的黏度：（学生填写）_____

_____

_____。

2. 结合实际补充回答完问题。

润滑油的作用有哪些？

润滑油俗称机油，其作用有以下几个方面：

①润滑：在各零件的摩擦表面形成润滑油膜，减小零件的摩擦、磨损和功率消耗。

②清洁：发动机工作时内部会有杂质产生，也会有外部杂质侵入。如发动机工作时产生的金属磨屑、进气带入的尘埃、燃油和润滑油中的固态杂质、燃烧时产生的固体杂质等。这些杂质中的硬质颗粒进入零件的工作表面就会形成磨料，大大加剧零件的磨损。而润滑系通过润滑油的流动将这些磨料从零件表面冲洗下来并带回到油底壳。大的颗粒杂质沉到油底壳底部，小的颗粒杂质被机油滤清器滤出，从而起到清洁的作用。

③（学生填写）_____

_____

_____。

④（学生填写）_____

_____

_____。

⑤（学生填写）_____

_____

_____。

资讯内容	资讯方式
3.轴承上涂装润滑脂时应注意什么？	

学习总结 （从资讯内容、课程的联系、查询资料的方法三方面去总结）	
学习中疑问	

教师点评		评分	
		签名	

任务单十五　易损件更换

一、基本信息表

任务名称	更换			课　　时	
班　　级	组序号		负责人		日　　期	
姓　　名				指导老师	
学习内容					
目的要求					

二、资讯查询表

资讯内容	资讯方式
一、选择题 1. CD 级 15W-40 发动机机油的 CD 表示(　　)，15W-40 表示(　　)。 A. 质量等级　使用温度范围　黏度等级　　　　B. 质量等级　凝点温度 C. 使用温度范围　黏度等级质量等级　　　　D. 以上说法都不对 2. 维修机器时，应先将钥匙开关关上，然后(　　)。 A. 断开电源，并在显眼处挂上"停机维修"标示牌，方可工作 B. 将机器护罩拆除，方便修理 C. 即可进行维修工作 3. 关于在保养机器前的停机步骤，错误的是(　　)。 A. 以低速空转速度空载运转发动机 5 min B. 靠上下按动输油泵来释放液压系统内的压力 C. 在操作手柄上挂上"请勿操作"的标识 D. 从钥匙开关上取下钥匙 4. 下列哪一项因素不会引起蓄电池爆炸？(　　) A. 给冻结的蓄电池充电　　　　B. 当电解液位低于规定时，继续使用蓄电池 C. 蓄电池接线破皮、松动　　　　D. 蓄电池液硫酸太稀 5. 为防止事故，在安全停放机器之前，务必关掉哪些开关？(　　) A. 自动怠速开关　　　　B. 二次升压开关 C. 行走高速开关　　　　D. 工作方式开关 6. 若发动机控制表盘处于最高转速位置时进行关机操作，则很容易损坏(　　)。 A. 发电机　　　B. 涡轮增压器　　　C. EC 马达　　　D. 中冷器	

资讯内容	资讯方式
7. 起动发动机前不是必须确认的项目是(　　)。 A. 先导截流手柄处于 LOCK 位置　　　B. 前上窗是否锁紧 C. 所有操作手柄都处于中位　　　　　D. 发动机控制表盘在低速空转位置 8. 发动机保养项目中,更换燃油滤清器、更换发动机机油滤清器、更换机油的正常时间间隔为(　　)。 A. 500、500、1000　　B. 500、500、500　　C. 500、500、1000　　D. 250	

二、识图题

这里更换的内容是什么? 为什么?

油盘
洁的布
容器

三、在下表中填上相应更换的内容

零部件		数量	间隔时间/h						
			8	50	100	250	500	1000	2000
1. 检查液压油油位		1 处							
2. 清理液压油箱排污管		1 根							
3. 更换液压油									
4. 更换液压油吸油滤芯		1 个							
5. 更换液压油回油滤芯		1 个							
6. 更换先导油过滤器滤芯		1 个							
7. 检查软管和管路	泄漏	—							
	裂纹、扭曲等	—							
8. 更换软管		39 根							

资讯内容	资讯方式

3. 下图的装置是什么？保养的要求是什么？

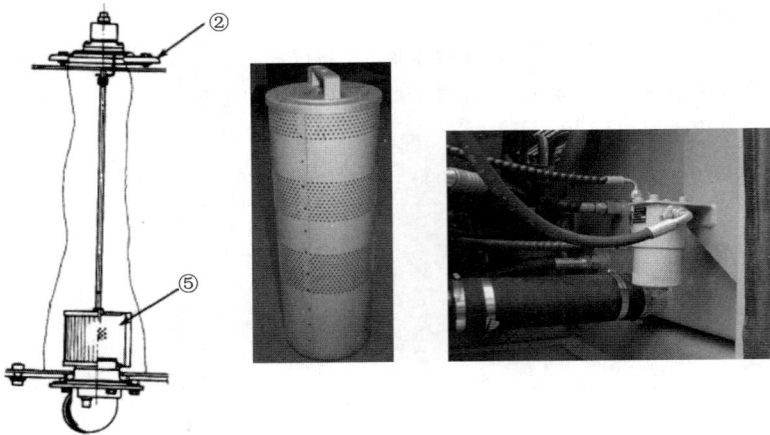

四、开放资讯题

1. 挖掘机电控系统包括哪些？

2. 液压系统的噪声可分为哪几种？

一般来讲，液压系统的噪声不外乎机械噪声和流体噪声两种。

3. 产生机械噪声的原因及控制方法。

机械噪声是由于零件之间发生接触、撞击和振动而引起的

①（学生填写）_____。

②电动机噪声：电动机噪声主要是指机械噪声、通风噪声和电磁噪声。机械噪声包括转子不平衡引起的低频噪声、轴承有缺陷和安装不合适而引起的高频噪声以及电动机支架与电动机之间共振所引起的噪声。控制的方法是轴承与电动机壳体和电动机轴配合要适当，过盈量不可过大或过小，电动机两端盖上的孔应同轴；轴承润滑要良好。

③联轴器引起噪声。

④产生流体噪声的原因及控制方法。

具体列举如下：

①使用低噪声电机，并使用弹性联轴器，以减少该环节引起的振动和噪声；

②在电动机，液压泵和液压阀的安装面上应设置防振胶垫；

③（学生填写）_____；

④（学生填写）_____；

⑤用带有吸声材料的隔声罩，将液压泵罩上也能有效地降低噪声。

资讯内容	资讯方式

学习总结
（从资讯内容、
课程的联系、查
询资料的方法三
方面去总结）

学习中的疑问	

教师点评	评分	
	签名	

参考文献

［1］孔德文，赵克利，徐宁生，等. 北京：液压挖掘机［M］. 化学工业出版社，2007.

［2］韦家义. 小型液压挖掘机平整作业性能的研究［J］. 建筑机械化，2018（6）.

［3］朱红妹，卫少克，刘钊. 液压挖掘机挖掘工况与挖掘力分布特性分析［J］. 机电设备，
2007（8）：9-12.

［4］王国虎，曹旭阳，刘崇，等. 谈谈反铲液压挖掘机的挖掘力［J］. 矿山机械，2013（2）：
15-18.

［5］史清录，林慕义，康健. 挖掘机的最不稳定姿态研究［J］. 农业机械学报，2004（5）：
32-35.

［6］李芝. 液压传动［M］. 2版. 北京：机械工业出版社，2018.